U0052409

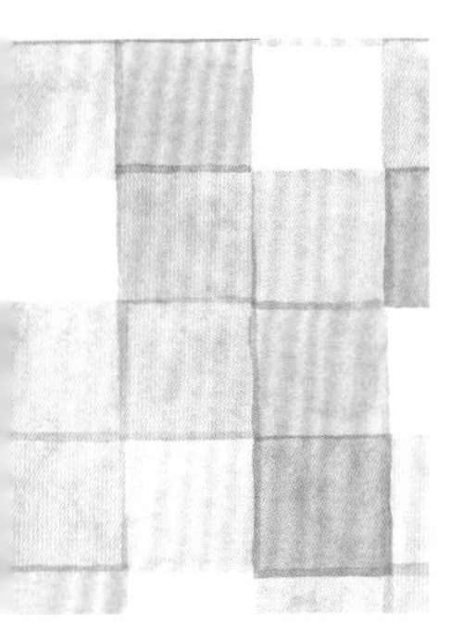

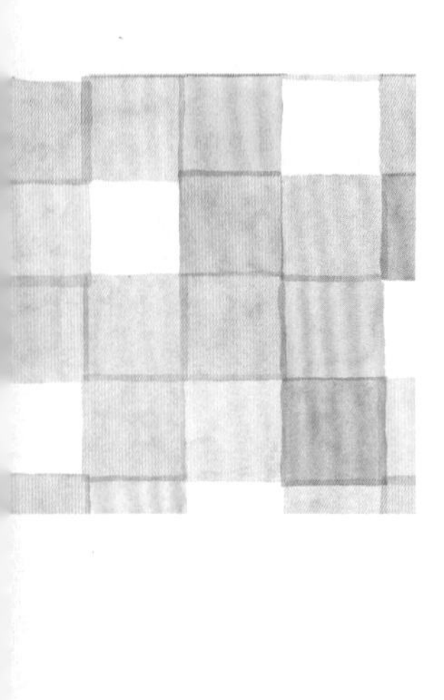

晶瑩剔透超美的！

繽紛熱縮片飾品創作集

完整學會熱縮片的著色、造型、應用技巧

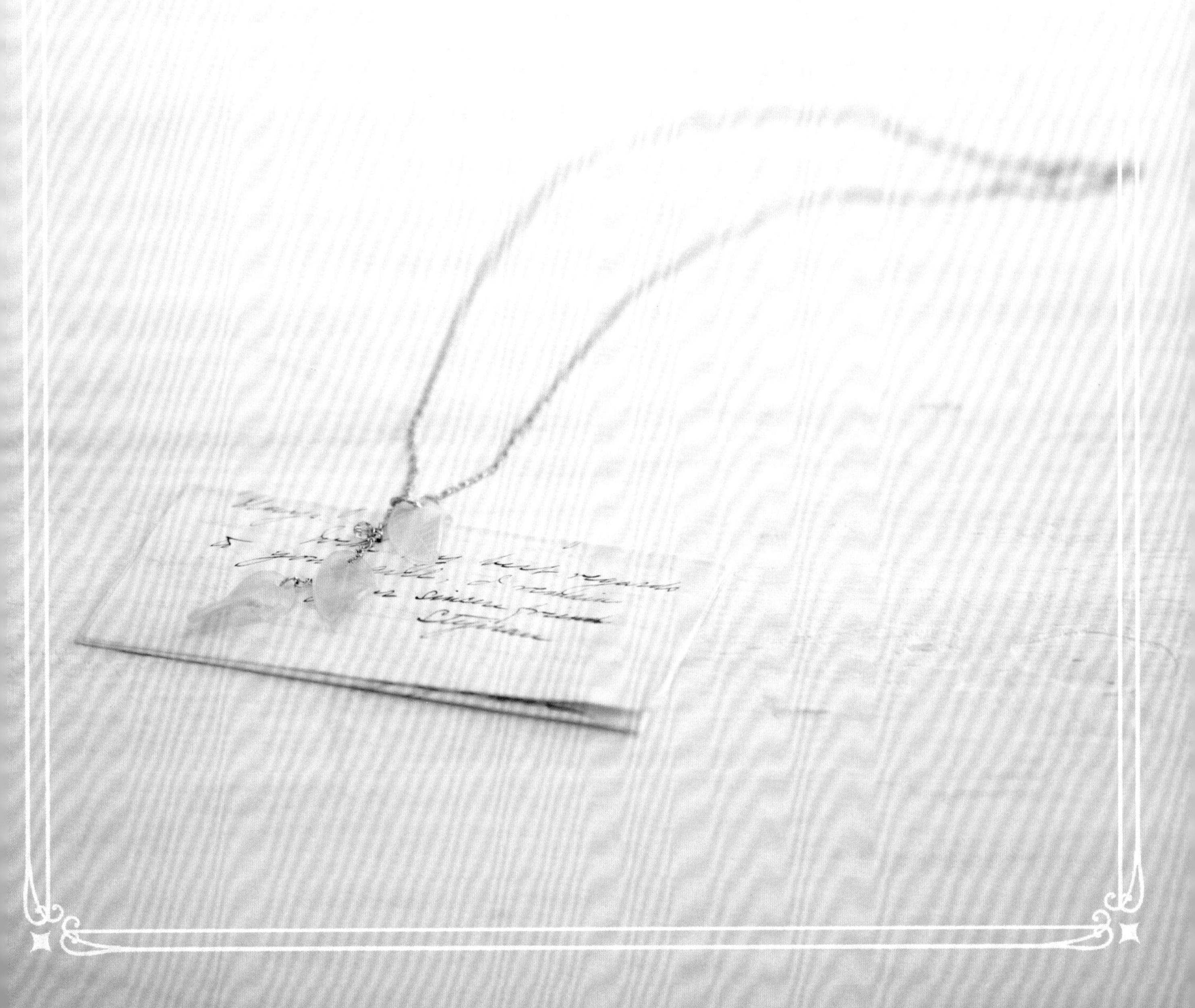

Introduction

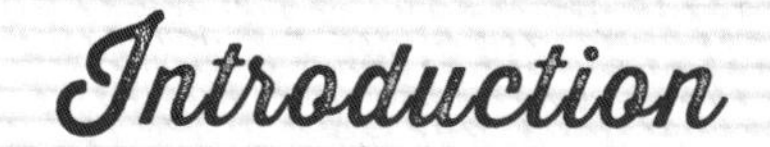

即使是小朋友也熟稔＆喜愛的
熱縮片手作，
依上色或加工方法的不同，
也能搖身一變成為適合大人配戴的飾品！

看似精巧繁雜的作工
幾乎讓人看不出是熱縮片，
而且材料費也相當地合理！

將熱縮片放進烤箱加熱，
在短短幾秒鐘的時間裡就會迅速收縮。
經過加熱後，
會從最初的大型圖案縮至約原尺寸的1/4。
而隨著體積縮小，顏色也將濃縮變深，
故應以淺色著色為重點。

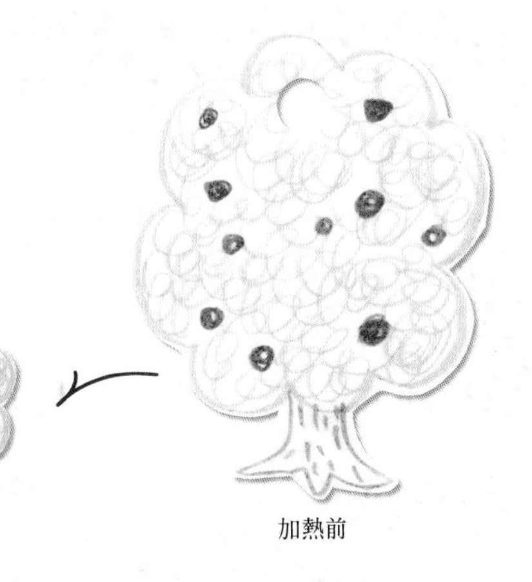

依熱縮片不同，
縱橫的收縮率會有顯著的差異。
所以在製作耳環等成對的作品時，
熱縮片建議採同一方向使用。
KAWACHI熱縮片
由於縱橫的收縮率較為平均，特別推薦使用喔！

施力壓平、摺彎成立體狀，
或以接著劑接黏數個配件……
從簡單的造型到稍微費工的複雜樣式，
書中介紹了各式不同的作品，
因此務必先從平面造型的飾品開始挑戰！

Contents

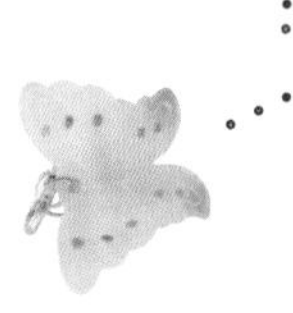

工具・材料………P.6
熱縮片的基礎技法………P.8
使用烤箱加熱時的祕訣………P.9
飾品配件的基本組裝方法………P.9
UV膠的塗法………P.28

Step1 簡易造型的平面作品

P.10 幾何圖形耳環
P.11 耳環&鈕釦
P.12 水球般的圓耳環
P.14 朦朧花樣的方形耳環
P.16 鬱鬱蔥蔥的三角形耳環

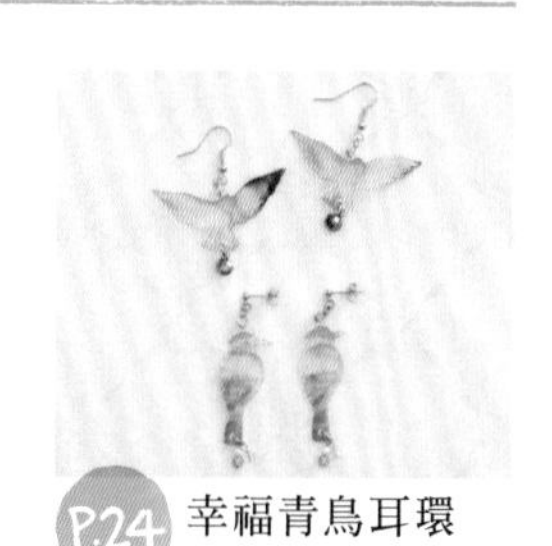

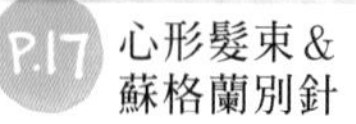

P.17 心形髮束&蘇格蘭別針
P.18 雙層圈圈的垂墜式耳環
P.20 清純玫瑰花樣耳環
P.22 藍&白花朵髮夾
P.24 幸福青鳥耳環

Step2 彎摺塑型的立體作品

P.26 六角形&梯形耳環
P.30 新葉項鍊
P.31 緬梔花項鍊
P.32 梅花耳環
P.34 花瓣耳環&髮圈

P.35 紫丁香戒指
P.36 黃花曼陀羅耳環
P.38 附墜飾的紫花髮夾
P.40 銀蓮花耳環
P.42 蝴蝶耳機塞

P.44 綠葉手鍊

P.46 雛菊手袋吊飾

+UV膠

P.48 絢麗多彩的戒指＆手環

Step3 立體配件的組合

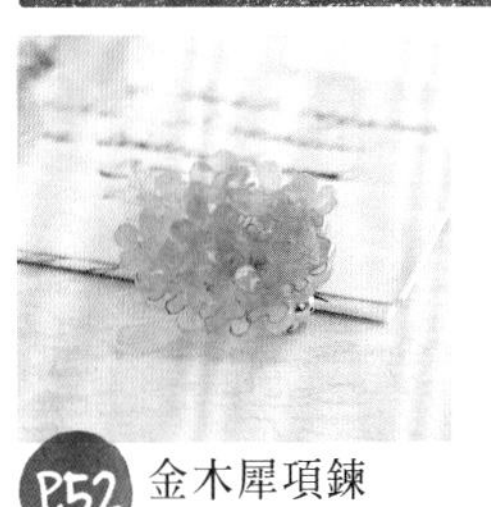
P.52 金木犀項鍊

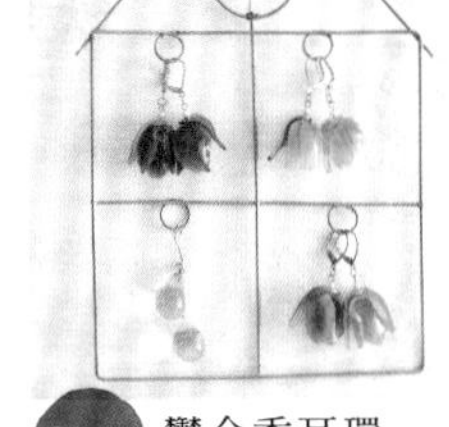
P.54 鬱金香耳環

P.56 非洲菊髮夾

P.58 附珍珠的大麗菊胸針

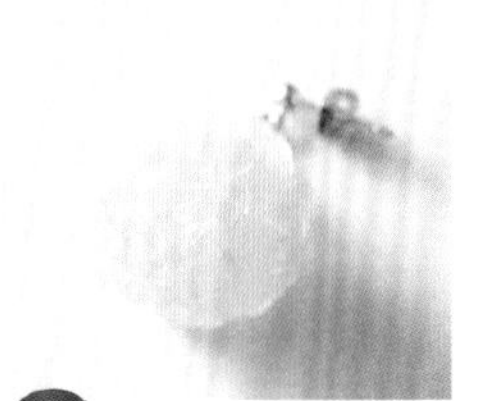
P.60 白三葉草耳環

P.62 光澤藍＆柔霧粉胸花

+銅絲線飾創作
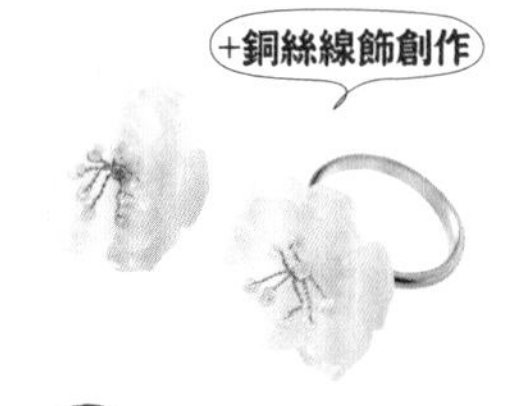
P.64 聖誕玫瑰耳環＆戒指

+銅絲線飾創作

P.66 繡球花髮飾

+銅絲線飾創作

P.68 青花胸針

使用黑色熱縮片

+UV膠

P.70 黑色熱縮片之閃亮胸花

P.71 鏤空雕花耳環

+UV膠

P.72 壓印花樣的耳環

+UV膠
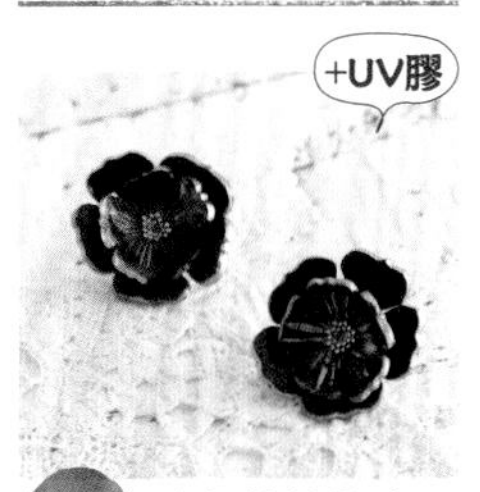
P.73 黑色熱縮片之和花耳環

使用白色熱縮片

P.74 白色熱縮片之鏤空雕花耳環

P.75 小房子蘇格蘭別針

+UV膠

P.76 橡皮擦印章的壓印飾品

+UV膠

P.78 宇宙造型徽章

工具・材料

本單元將介紹本書中使用的工具與材料。飾品的五金配件則因各作品使用的品項不同，因此併入作法頁的材料欄內以供參考。

素材協力／☆＝株式會社KAWACHI　★＝ZEBRA株式會社　◎＝貴和製作所

熱縮片　☆

塑膠製薄板。以烤箱加熱，使其收縮後使用。本書中使用0.2mm・0.3mm的透明熱縮片，以及0.2mm的黑・白熱縮片。

作記號・事前準備的必備工具

砂紙（＃320）

以砂紙在透明熱縮片上磨砂拋光，藉由造成的細緻磨痕以利色鉛筆或粉彩條上色，並作出漸層暈染的效果。

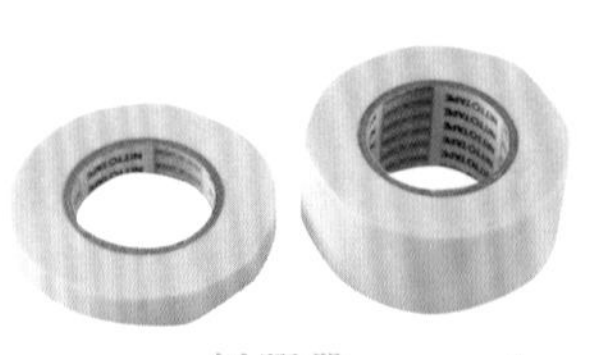

紙膠帶　☆

描繪紙型時，為了固定熱縮片，或保護（不弄髒）不想上色的區域，可貼上紙膠帶作為隔離之用。

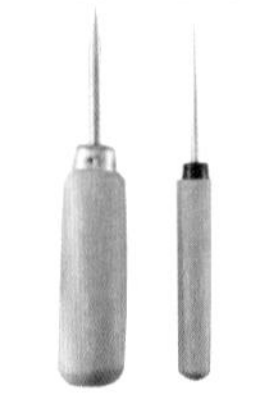

穿孔器・錐子

可於熱縮片上繪製圖樣，或臨摹圖案時（作記號）使用。

裁切・打洞的必備工具

剪刀　☆

事務剪刀。熱縮片的輪廓幾乎皆以剪刀裁剪。

美工刀・筆刀　☆

想要刻取內側線條，或想在打洞機構不到的地方打洞時使用。筆刀亦可於製作橡皮擦印章時使用。

切割墊　☆

與美工刀具成組使用。

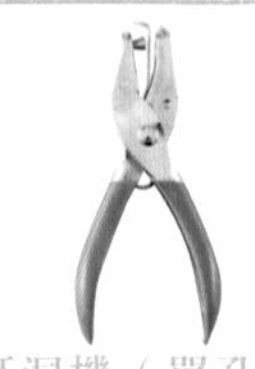

打洞機（單孔）

在熱縮片加熱之前，事先打上用來連接飾品配件或五金配件的孔洞。也可以使用雙孔打洞機代替（參照P.8）。

手鑽

當事先打好的洞被UV膠的表面塗層完全覆蓋時，或忘記打洞時，即可以精密手鑽加工補救。

上色時的必備工具

粉彩條　☆

硬式粉彩條用法與色鉛筆相同，皆是以廚房紙巾將美工刀刮下來的色粉推抹暈開使用。以軟式粉彩條直接繪製也OK。

油性馬克筆　★

可用於描繪輪廓，或直接於熱縮片上色後，以廚房紙巾暈開。亦或以廚房紙巾或棉花棒沾色後，再擦在熱縮片上使用。

色鉛筆　☆

可用於描繪圖案的輪廓或著色，或以美工刀削筆芯＆刮取色粉，再在熱縮片上以廚房紙巾將色粉推抹暈開來使用。

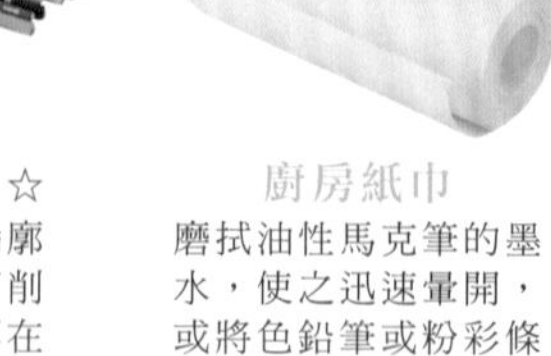

廚房紙巾

磨拭油性馬克筆的墨水，使之迅速暈開，或將色鉛筆或粉彩條的色粉進行暈染時使用。

棉花棒

可作為油性馬克筆或粉彩條的局部上色＆暈染工具，也可應用於去除滲出的髒污。

不透明馬克筆　☆

於熱縮片加熱後塗色。由於墨水容易掉色，建議在上層塗上一層UV膠。

不透明馬克筆（金・銀）　★

可用於描邊並強調圖案的輪廓，或繪製花蕊、塗滿整面等，日式＆西式的風格皆適用。

裝飾筆　☆

內含金蔥亮粉的裝飾筆。應用於花蕊或蝴蝶的圖案等，加熱之後的裝飾花樣。

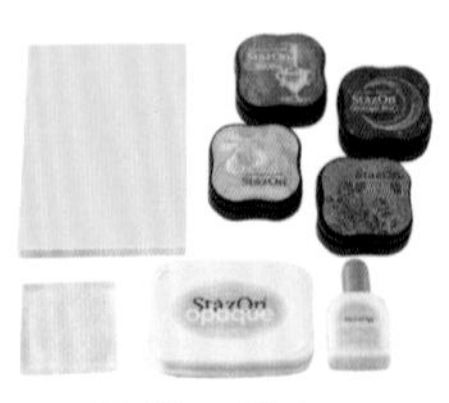

印章・印台
橡皮擦印章　☆

可以反覆蓋印，也可以蓋出纖細的圖案。若於加熱前蓋印，圖案大約會縮小至1/4。

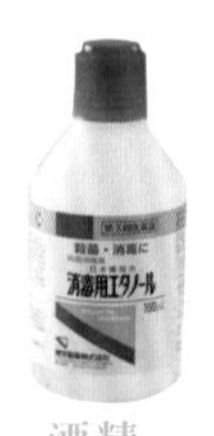

酒精

以廚房紙巾或棉花棒沾取後可將油性馬克筆暈開，或用於擦拭髒污。

熱縮片加熱時的必備工具

鋁箔紙

建議使用於不易沾黏的矽利康加工物。將事先揉皺的鋁箔紙攤開，平舖於烤箱內的烤盤上使用。

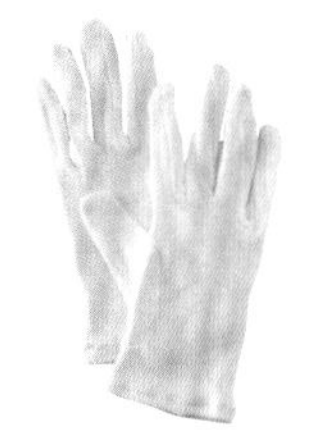

手套（100%純棉）

熱縮片一經加熱，即會產生高溫，若徒手拿取，恐有造成燙傷之虞。請務必戴上手套。

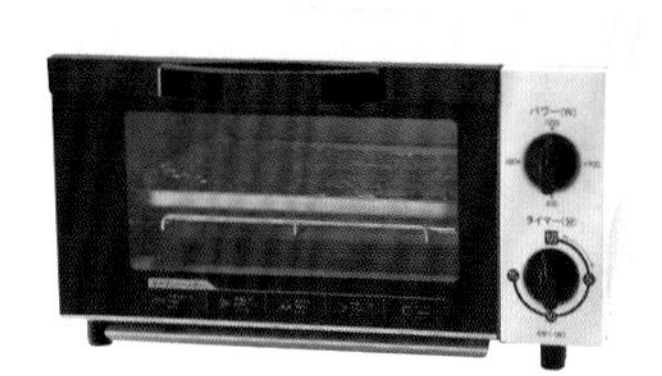

家庭用烤箱

烤箱事先預熱，待溫度升高再放入熱縮片加熱。

素描本

將加熱過後的熱縮片趁熱夾在素描本裡，並以手從上方施力，將其壓平。想摺彎時（立體配件）則不使用。

熱縮片加熱後，進行表面塗層時使用的工具

UV膠 ☆

為防止上色面的顏料掉色，或想作出光澤亮面立體效果的表面塗層時使用。可配合UV照射器成組使用。

UV照射器 ☆

照射至UV膠完全固化為止，小作品大約3分鐘。實際硬化時間會依作品大小與厚度而有所差異。

指甲油
（金蔥亮粉・透明護甲油）

透明護甲油也可用來取代UV膠。亦可依個人喜好，使用金蔥亮粉的指甲油。

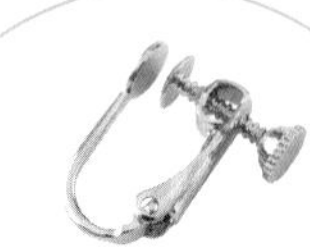

夾式耳環五金 ◎

本書一律使用穿式耳環的五金配件，也可以自行更換成夾式耳環。

製作飾品的主要工具＆材料（配件）

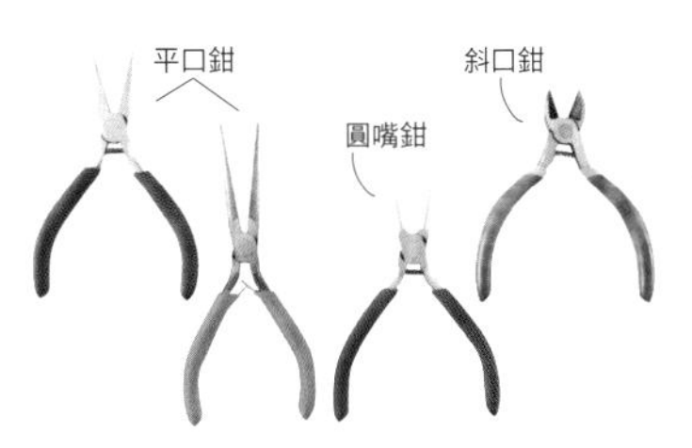

手藝用工具

將飾品五金摺彎、作圓或剪斷時使用（參照P.9）。

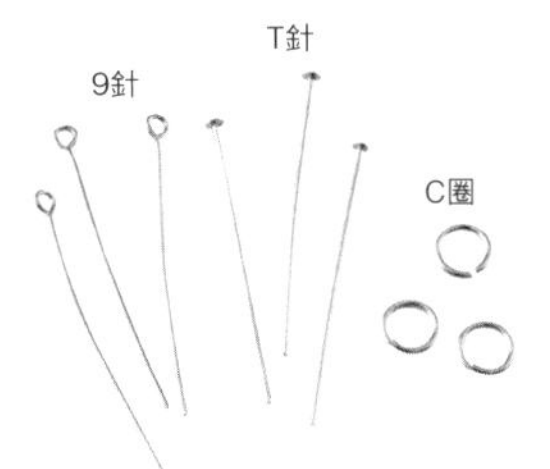

串珠用五金配件 ◎

為了連接串珠或鍊條等飾品配件，所需的基本五金材料（參照P.9）。

作法材料中的9針、T針的尺寸標示為線粗×長度；C圈則標示為線粗×外徑。

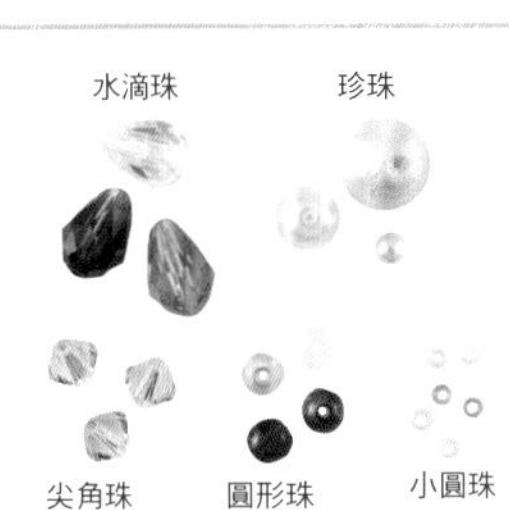

各式串珠

本書主要使用捷克珠、施華洛世奇水晶珠、玻璃珠、珍珠。小圓珠則作為內側擋珠的功能來使用。

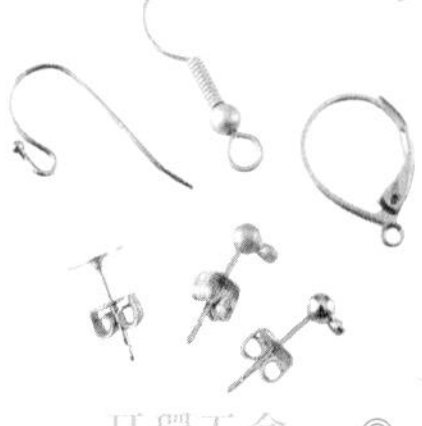

耳環五金 ◎

金色、銀色、古銅色……材質＆形狀五花八門，請配合熱縮片的顏色或依個人喜好選擇。

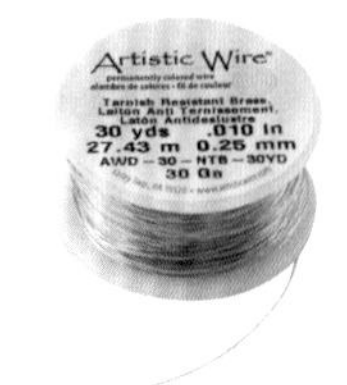

藝術銅絲線 ◎

使用＃30（粗細為0.25mm），將銅絲線作成數個花朵造型小物添加於胸針底座上，或與串珠一起使用作成花蕊等。

黏合熱縮片或飾品配件的接著劑

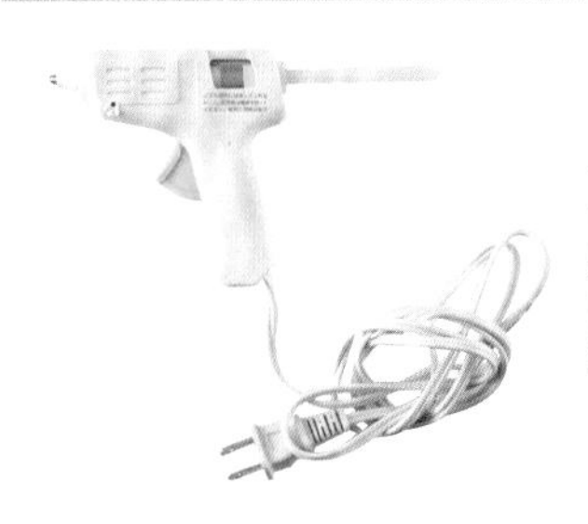

熱熔槍 ☆

一邊加熱棒狀的接著性樹脂，一邊使用的接著劑。可在短時間內黏合熱縮片或五金配件時使用。

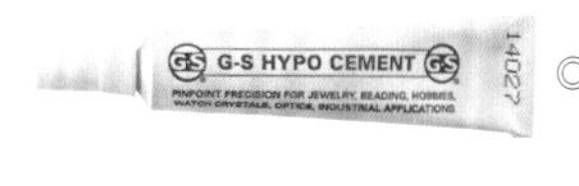

接著劑 ◎ ☆

黏接塑膠也OK，是一種透明的速乾性接著劑。若有尖狀出嘴口，使用時更便利。

熱縮片的基礎技法

磨砂拋光處理

若無特別指定，請於磨砂面上著色。

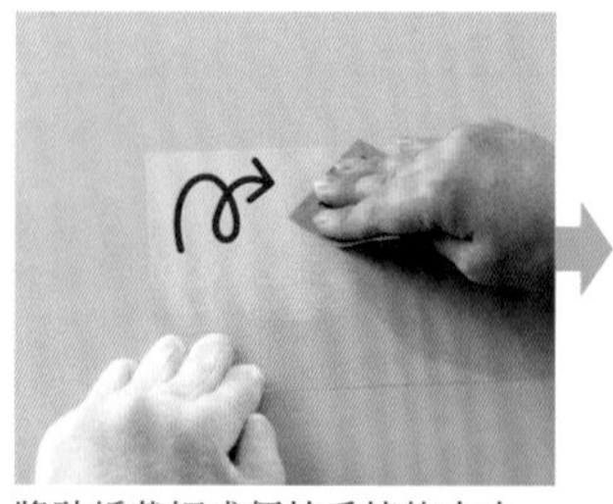

將砂紙裁切成便於手持的大小，以畫圓的方式，均勻地磨砂拋光至磨痕消失為止。磨砂過程中會產生粉屑，請注意不要吸入粉塵。

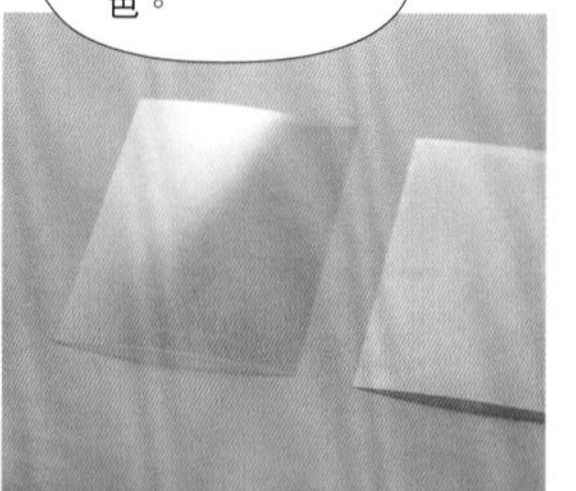

左片無磨砂拋光，右片有磨砂拋光。若拋光的粉屑殘留在磨砂面上就直接進行加熱，將會形成如黏在表面上的髒污。因此請於加熱前以廚房紙巾將粉屑擦拭乾淨。

裁切的基礎

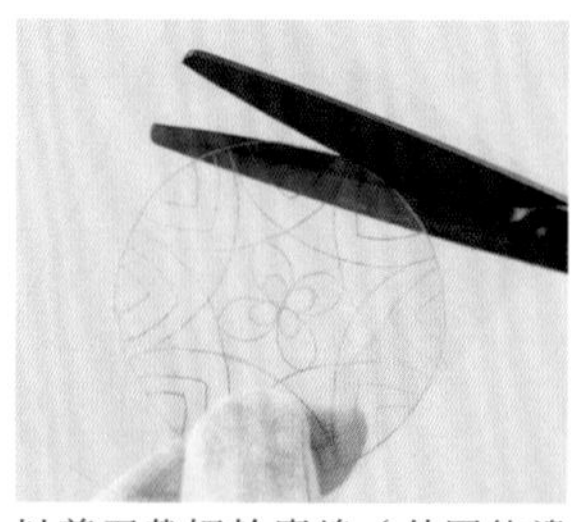

以剪刀裁切輪廓線（外圍的邊線）時，若以刀尖來裁剪，可能會有裁剪得不整齊的情況發生；因此剪刀不要完全合攏，注意隨時保持以刀刃中央來裁剪。

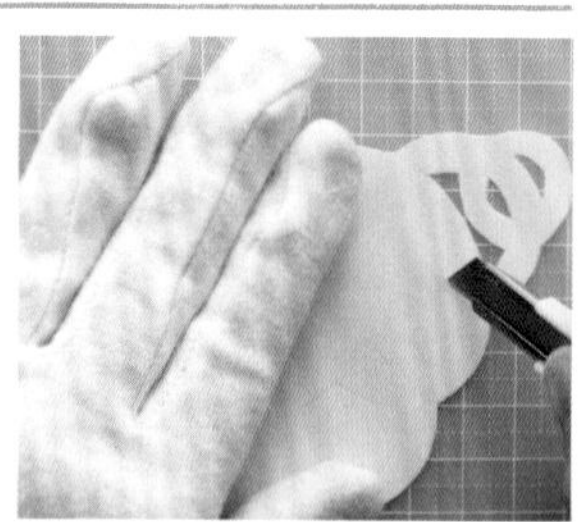

想要剪下中空的圖案時，可使用美工刀（在切割墊上）鏤空。切割時不移動美工刀的刀刃，而是移動熱縮片來進行切割。

裁剪（尖端處）

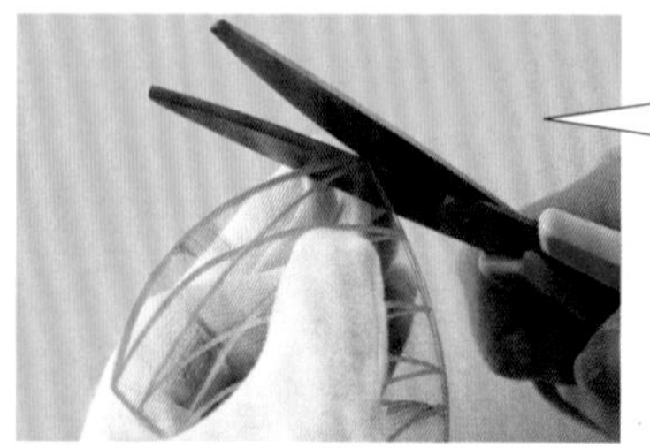

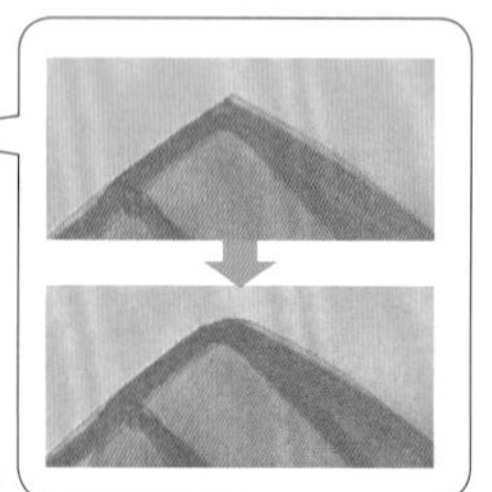

裁剪完輪廓線後，凡是有尖角的地方，一律以剪刀剪掉尖端，並修平稜角。這是為了避免作品的利角刮傷皮膚。

裁剪（凹處的邊線）

刀具朝向凹處，先裁剪一邊的曲線。

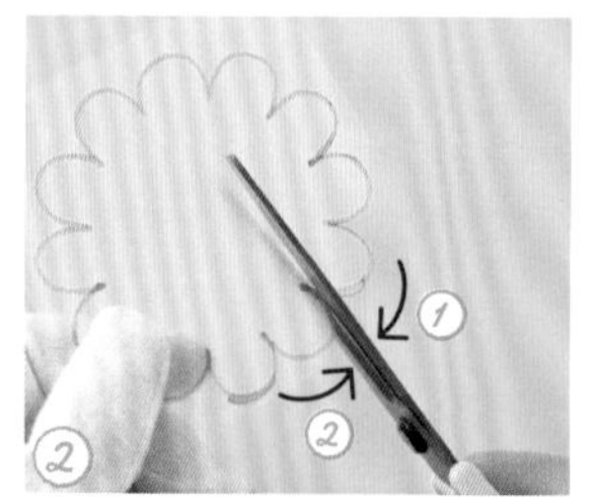

將熱縮片翻面，同樣朝向凹處，裁剪另一邊的曲線。

打洞

加熱前先打洞

描繪紙型時，請事先於打洞位置的中心標示記號點。

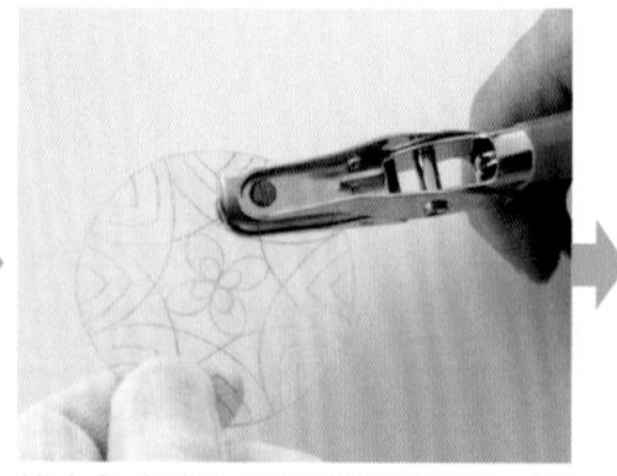

待上色完成＆沿輪廓線剪下後，再以打洞機打洞。

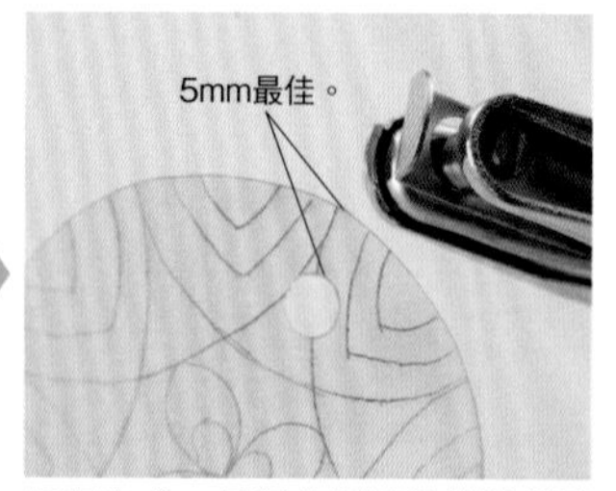

打洞完成。打洞位置請保持距離邊緣5mm，若距離過大會使得五金不易置入，距離過小則會造成熱縮片的強度減弱。

使用雙孔打洞機時……

取下雙孔打洞機底部的保護套，將記號點移至洞口中央，對準位置之後再打洞。

此時改以美工刀開洞！

若是在圖案中央等打洞機無法打洞之處時，則以上述「裁切的基礎」以美工刀鏤空的方式開洞。

使用烤箱加熱時的祕訣

預備事項
1. 將已揉皺的鋁箔紙平鋪於烤箱內的烤盤上。
2. 烤箱事先預熱，並戴上手套。
3. 打算壓平熱縮片時，也請先把素描本放在一旁備用！

關於正面&反面 本書中，並無特別區別上色前熱縮片的正反兩面。但放進烤箱時，建議配合取出後欲成形的方向來放置，操作上會較為順手。除了部分作品因上色面偶有出現掉色或髒污附著的情況發生，而在作法中指定哪一面作為正面之外，其他作品皆以個人喜愛的那一面當作正面使用即可。

①待加熱器變紅，烤箱內溫度升高之後，再放入熱縮片。

當熱縮片仍處於窪坎（凹陷）或蜷曲變形時，暫時還不能取出喔！

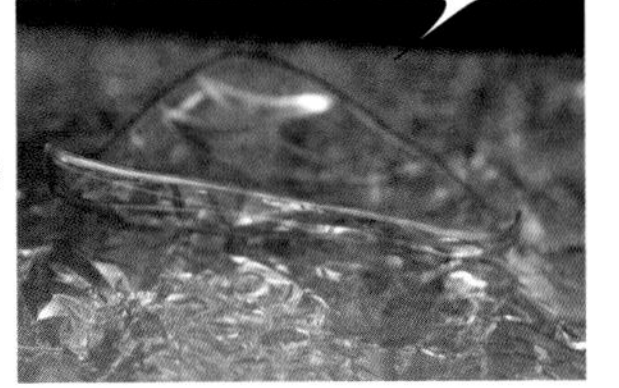

②注視著因高溫而蜷縮起來的邊緣。

③待蜷縮的邊緣恢復平坦時，再行取出。

希望作品平坦時，可夾在素描本等書本間，並由上方以手施力壓平。

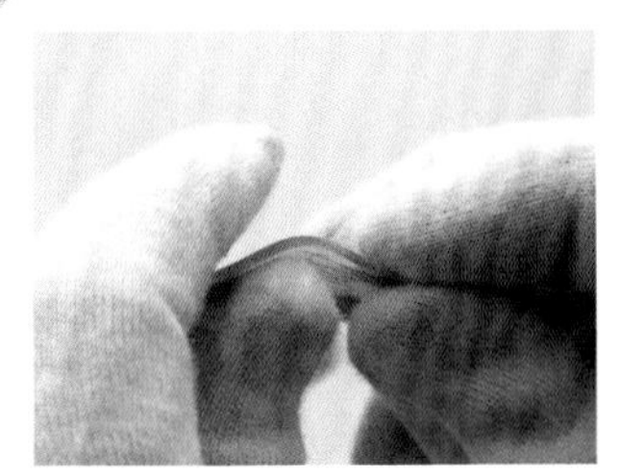

想彎摺成曲狀時，取出的時機也亦同。取出後立刻以指尖或指腹施力使其變形。

完美！表面呈現光滑平坦的狀態。

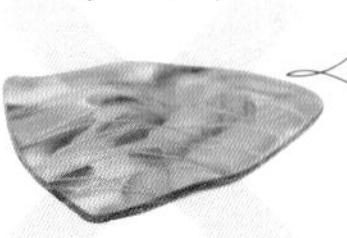

因太快取出導致收縮不佳，造成厚度不足&扭曲變形的窘境。此時必須將熱縮片再次放回烤箱內，重新加熱至呈現出如步驟③的狀態為止。

飾品配件的基本組裝方法

使用9針・T針的作法

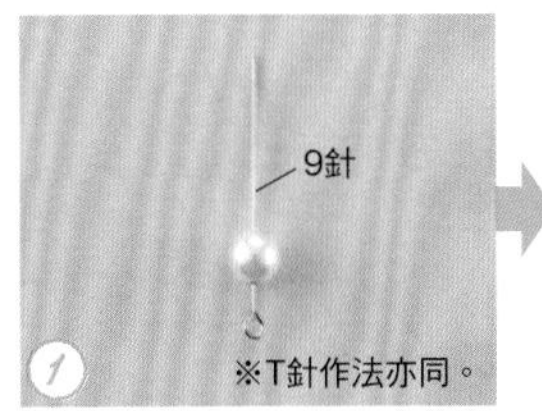

①將串珠穿入9針。

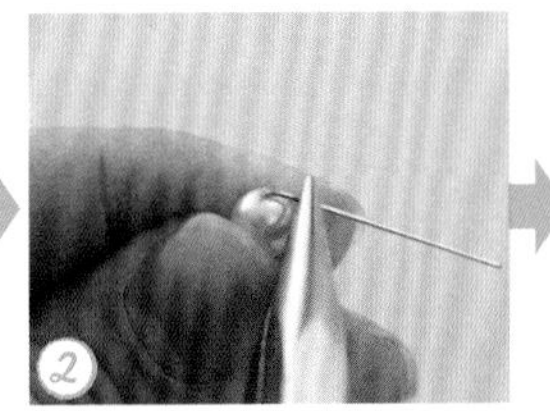

②以平口鉗夾住9針尾端，用力地摺彎成直角。

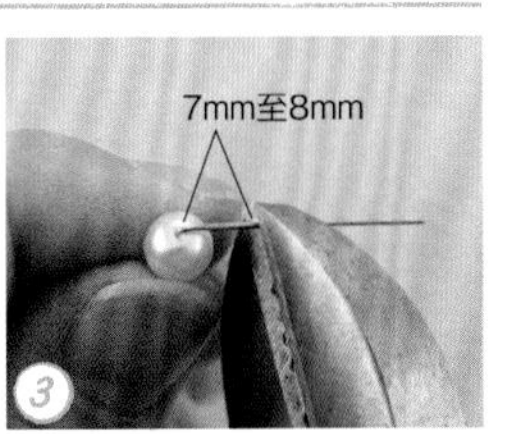

③9針前端預留7mm至8mm，再以斜口鉗裁斷。

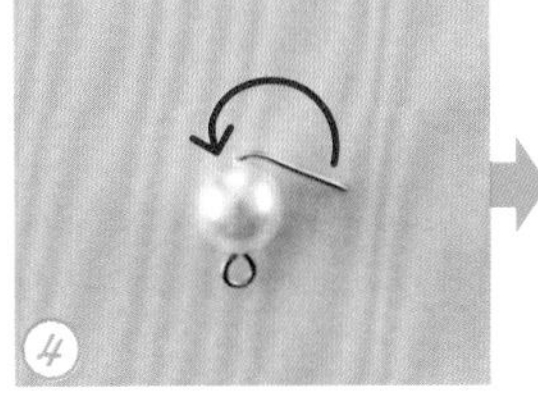

④裁斷的模樣。

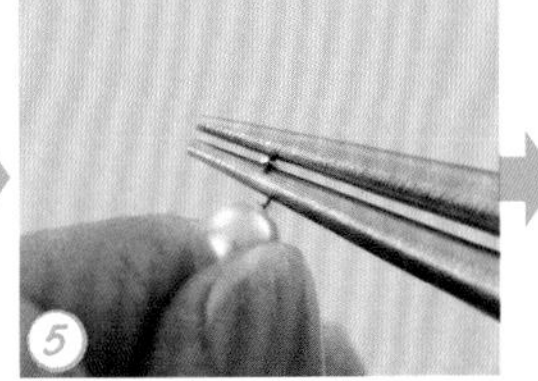

⑤依左圖的箭頭方向，以圓嘴鉗摺彎繞圓。

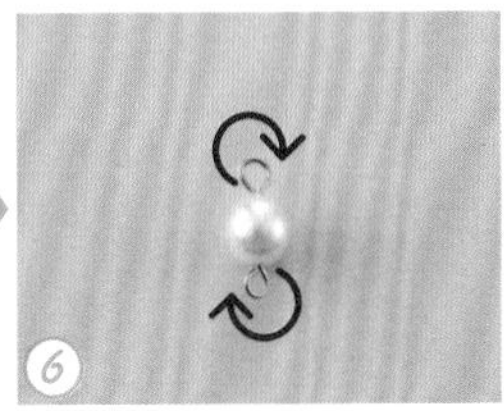

⑥完成！前端依照箭頭方向輪流摺彎繞圓是基本的作法。

使用C圈的作法

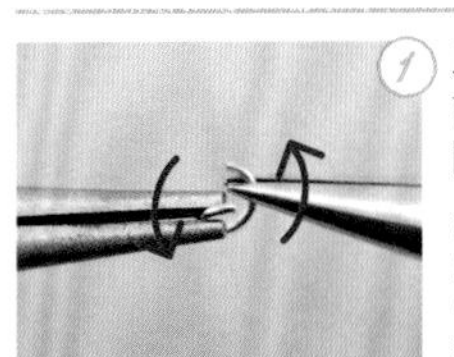

①以2個平口鉗，各自往前後兩側方向轉開C圈。

注意：一旦往左右兩邊拉就會撐開接縫處，而無法恢復原狀，因此請勿將圈環拉開。

②穿入飾品配件等小物之後，再將C圈恢復原狀。

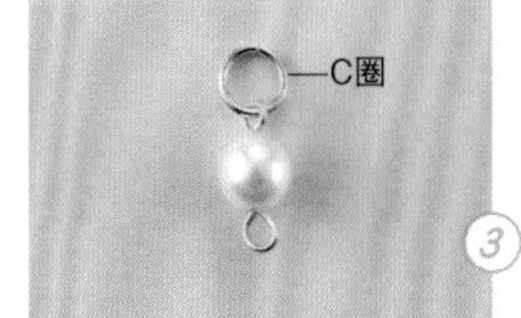

③將左側已穿入9針的串珠再穿上C圈，完成！

幾何圖形耳環

**在透明熱縮片上以油性馬克筆著色。
漸層暈染的祕訣在於一經塗色之後，
立刻取廚房紙巾以畫圓的方式使勁地擦拭！**

材料 （※1組）
- 厚0.3mm透明熱縮片 7×7cm×2片
- 直徑6mm玻璃珠（32切面・圓形珠：作品1／透明 作品2／水藍色、作品3／黃綠色、作品4／綠色）…2顆
- C圈（金色）a：0.7×4mm、b：0.8×5mm…各2個
- 9針 0.6×20mm（金色）…2支
- 耳環五金（20mm耳鉤：金色）…1組

著色工具 油性馬克筆（作品1／粉紅色・水藍色、作品2／藍色・粉紅色、作品3／紫色・淺棕色、作品4／黃色・綠色）

工具 錐子、廚房紙巾、剪刀、打洞機、平口鉗、圓嘴鉗、斜口鉗、烤箱、手套

原寸紙型…P.15

① 將透明熱縮片疊放在紙型上，以錐子描繪紙型的線條，劃出花紋。

② 完成輪廓＆內側花紋的描摹。

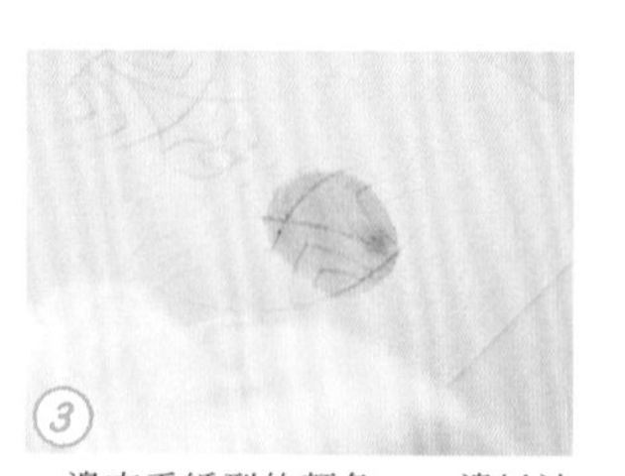

③ 一邊查看紙型的顏色，一邊以油性馬克筆塗色。從淺色系開始上色較佳。

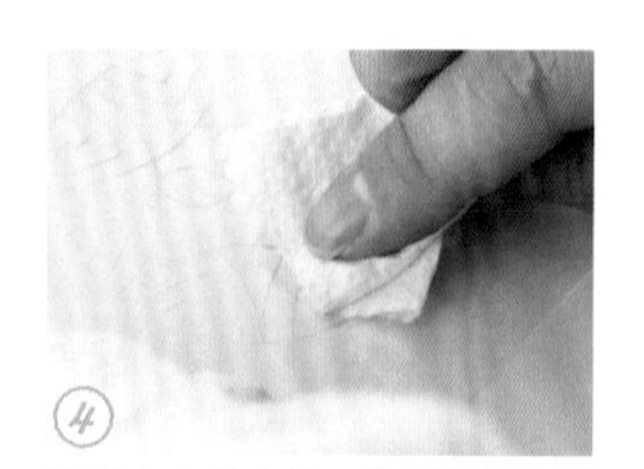

④ 趁墨水未乾之前，取廚房紙巾以畫圓的方式，將墨水擦進條紋裡。

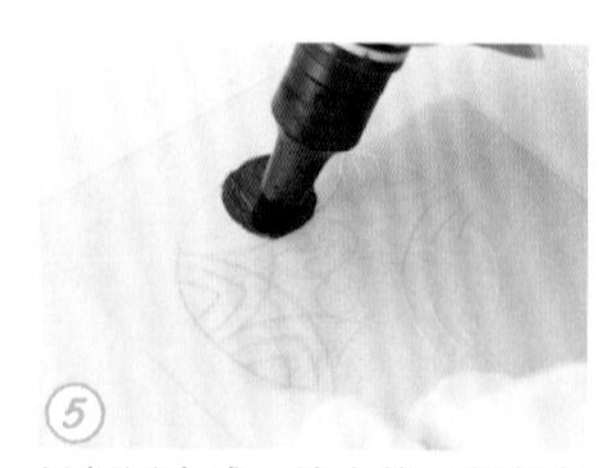

⑤ 以相同方式，塗上第二個顏色（深色）。

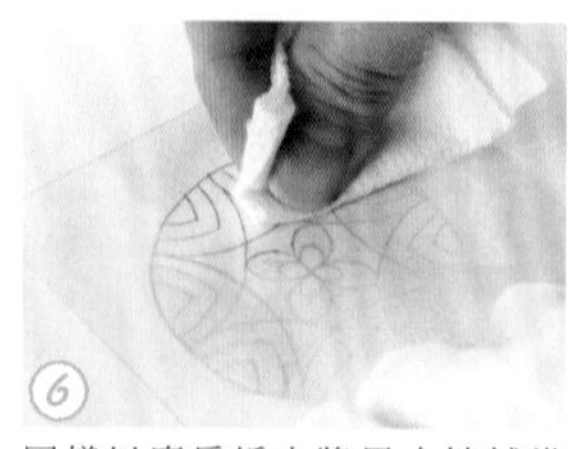

⑥ 同樣以廚房紙巾將墨水擦拭進去，使顏色的邊界如微微混色般地將顏色暈染開來。

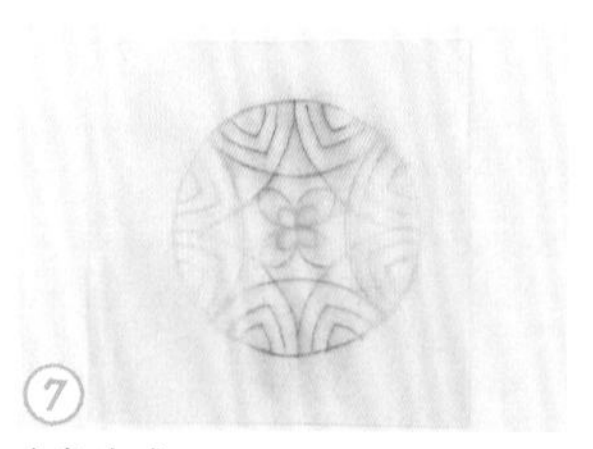

⑦ 上色完成。

⑧ 以剪刀沿著輪廓線內側裁剪，再以打洞機打洞（參照P.8）。

 飾品配件協力／藤久株式會社

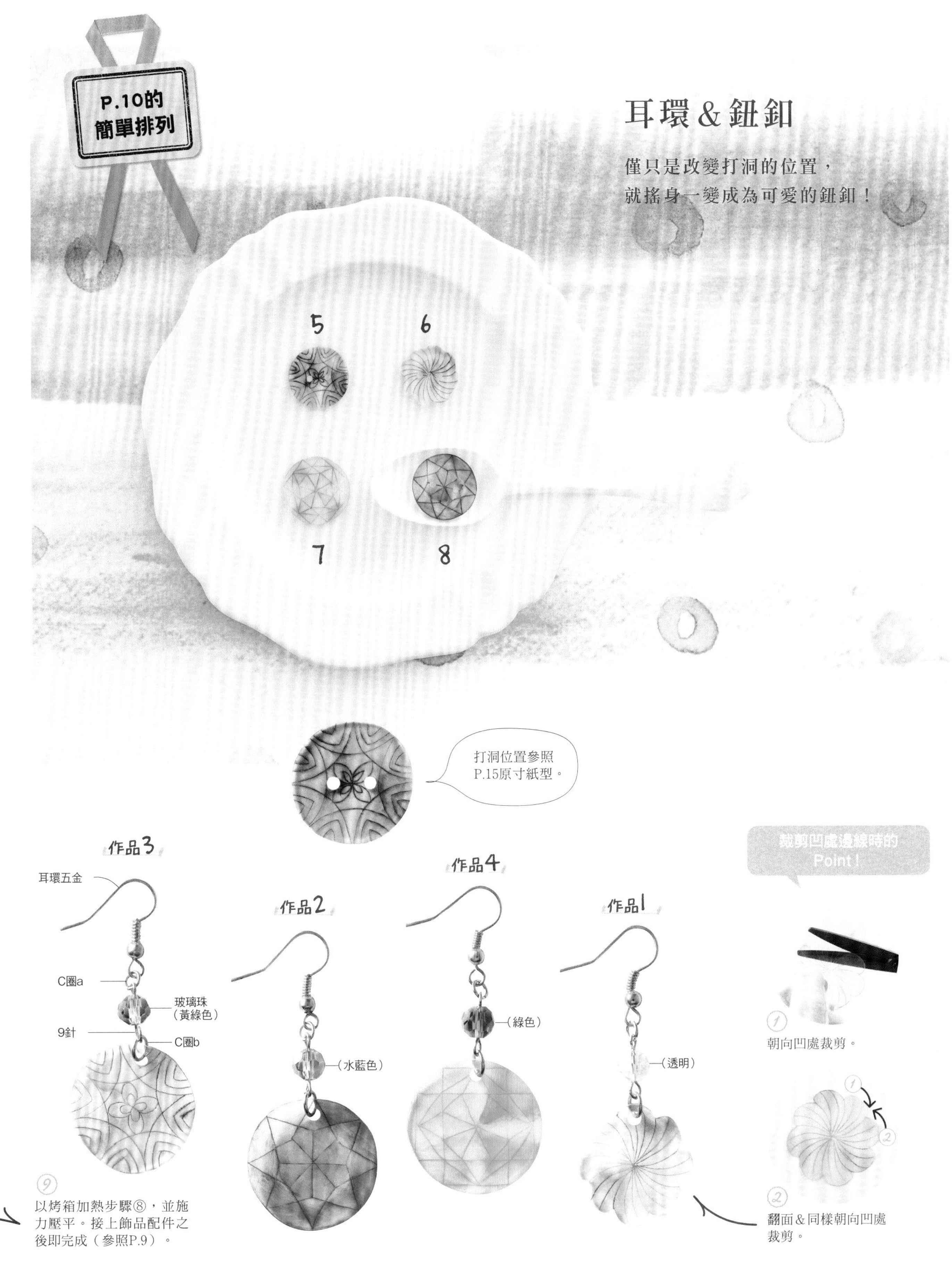
P.10的
簡單排列
耳環＆鈕釦
僅只是改變打洞的位置，
就搖身一變成為可愛的鈕釦！
5
6
7
8
打洞位置參照
P.15原寸紙型。
作品3
耳環五金
C圈a
玻璃珠
（黃綠色）
9針
C圈b
作品2
（水藍色）
作品4
（綠色）
作品1
（透明）
裁剪凹處邊線時的
Point！
①
朝向凹處裁剪。
①
②
②
翻面＆同樣朝向凹處
裁剪。
⑨
以烤箱加熱步驟⑧，並施
力壓平。接上飾品配件之
後即完成（參照P.9）。

水球般的圓耳環

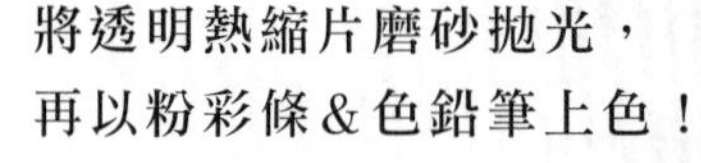

將透明熱縮片磨砂拋光，
再以粉彩條&色鉛筆上色！

此作品為雙層耳環。
上層僅於透明熱縮片上
以不透明馬克筆描繪線條，
因此能透視下層的色彩。

作品12（參考作品）：同作品11的下層配件作法，以水藍色的油性馬克筆在透明熱縮片上著色，再以不透明的馬克筆描繪線條。並於加熱&施力壓平之後，以UV膠進行表面塗層（參照P.28）。

作品9／砂紙＋粉彩條（粉紅色・橘色）
作品10／僅以砂紙拋光
作品11／上層：不上色、下層：油性馬克筆（粉紅色・橘色）

材料（※1組）

【作品9・10・11通用】
- 9針 0.6×20mm（銀色）…2個
- 耳環五金（20mm耳鉤：銀色）…1組

【作品9・10】
- 厚0.3mm透明熱縮片 7×7cm×2片
- 直徑6mm珍珠 消光キスカ（淺駝白）…2顆
- C圈（銀色）a：0.6×3mm、b：0.7×4mm…各2個

【作品11】
- 厚0.2mm透明熱縮片 7×7cm×4片
- 直徑6mm玻璃珠（32切面・圓形珠：淺粉紅色）…2顆
- C圈（銀色）a：0.6×3mm、c：0.8×6mm…各2個

著色工具 作品9／粉彩條（粉紅色・橘色）、作品9・10／色鉛筆（黃色・白色・藍色）、作品11／油性馬克筆（粉紅色・橘色）、不透明馬克筆（黃色・白色・藍色）

工具 砂紙、錐子、廚房紙巾、剪刀、美工刀、打洞機、平口鉗、圓嘴鉗、斜口鉗、烤箱、手套

原寸紙型

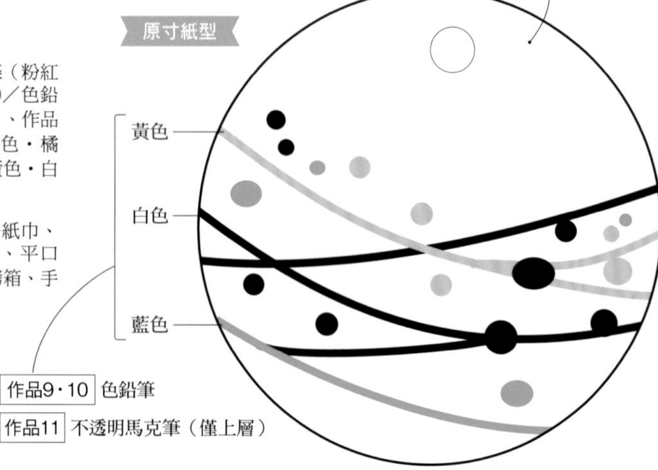

 飾品配件協力／藤久株式會社

① 將磨砂處理（參照P.8）過的透明熱縮片疊放在紙型上，以錐子描出圓形輪廓。

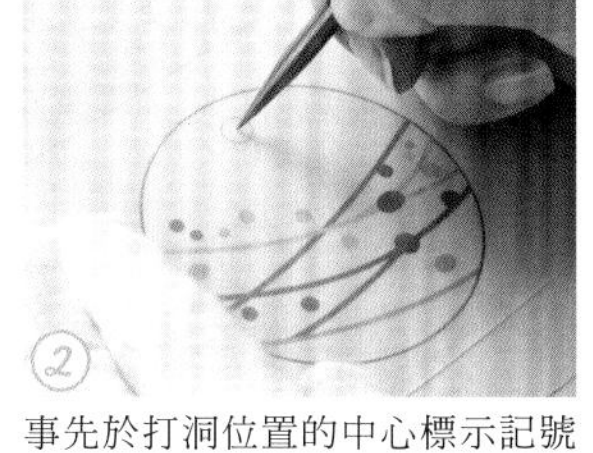

② 事先於打洞位置的中心標示記號點。

Point!
使用軟式粉彩條時，以廚房紙巾直接染色&進行步驟⑤。

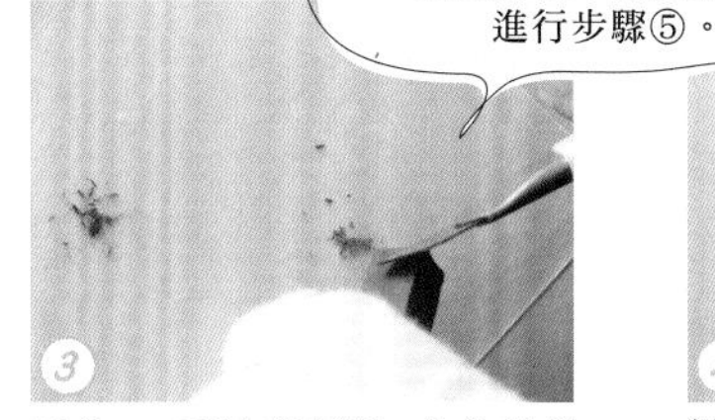

③ 以美工刀刮取粉彩條，使色粉落在熱縮片上。

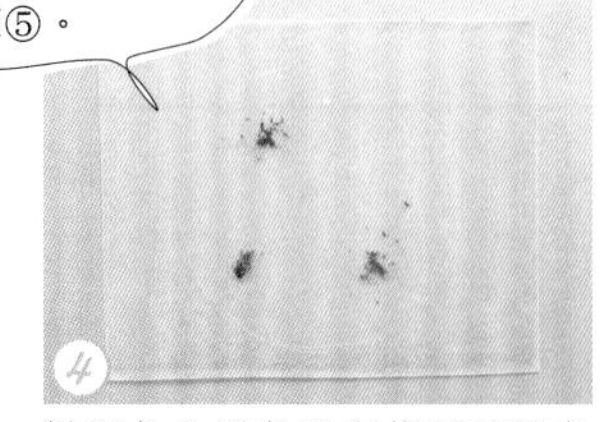

④ 粉紅色&橘色粉彩條刮落的色粉。

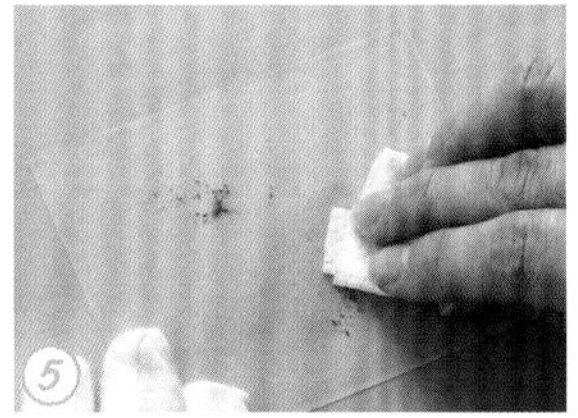

⑤ 取廚房紙巾以畫圓的方式磨拭，將色粉擦拭進去。

⑥ 完成兩色色粉的上色。

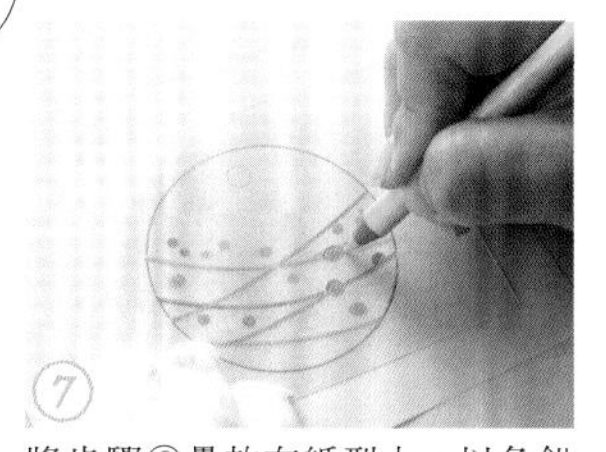

⑦ 將步驟⑥疊放在紙型上，以色鉛筆加強描繪出線條&圓點。

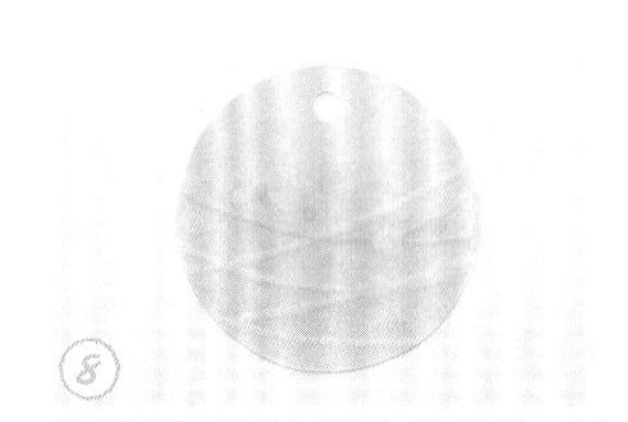

⑧ 以剪刀沿著輪廓線內側裁剪，再以打洞機打洞（參照P.8）。

⑨ 以烤箱加熱步驟⑧，並施力壓平。接上飾品配件之後即完成（參照P.9）。

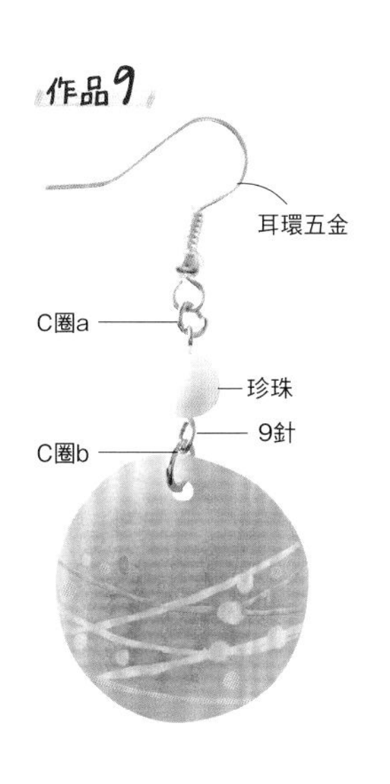

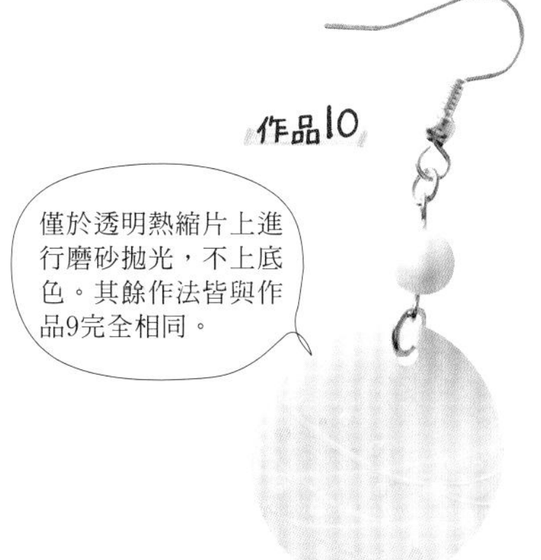

Point!
不透明馬克筆需要時間乾燥，因此待每色乾燥後，再塗下一色吧！

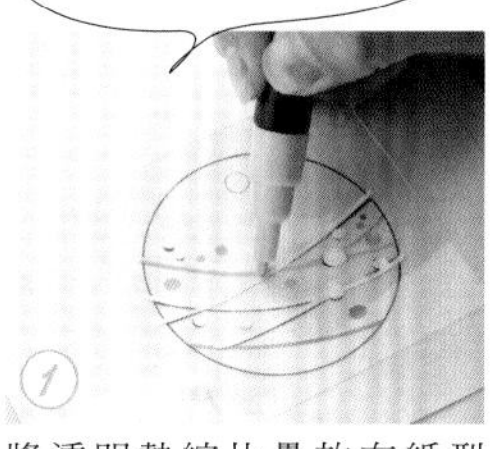

① 將透明熱縮片疊放在紙型上，由淺色開始，以不透明馬克筆依白色・黃色・藍色的順序描繪線條。

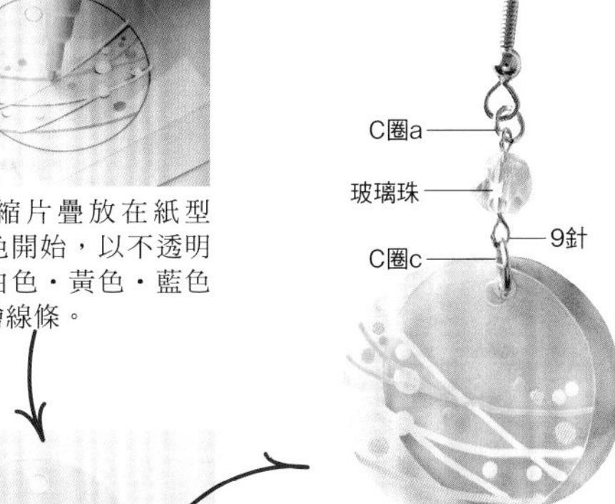

② 以剪刀裁剪輪廓之後，再以打洞機打洞（參照P.8）。

製作下層部件

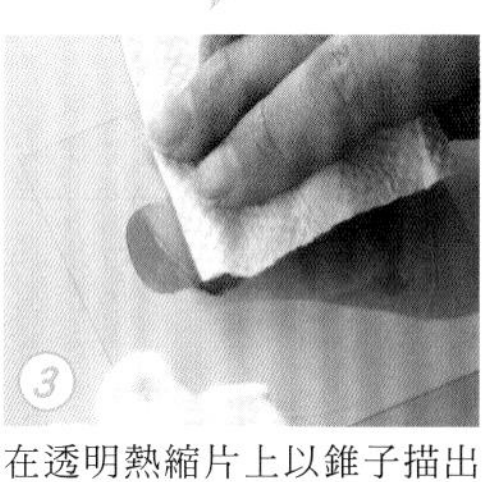

③ 在透明熱縮片上以錐子描出圓形輪廓，再以廚房紙巾一邊將粉紅色&橘色油性馬克筆推抹暈開，一邊斑駁地著色（參照P.10）。

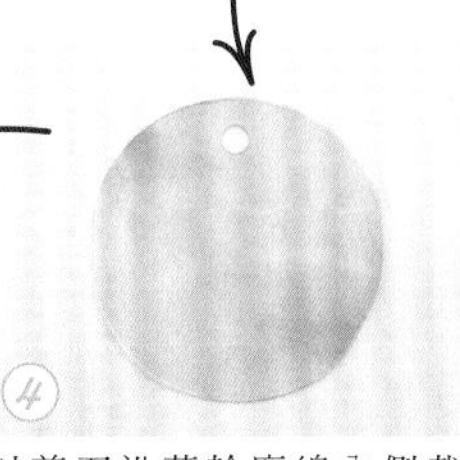

④ 以剪刀沿著輪廓線內側裁剪，再以打洞機打洞（參照P.8）。

⑤ 以烤箱分別加熱步驟②與④，並施力壓平。以著色面為內側相疊&接上飾品配件之後即完成（參照P.9）。

朦朧花樣的方形耳環

一邊以紙膠帶隱蔽部分區塊，
一邊於每次使用一色粉彩，
以廚房紙巾推抹暈開進行著色。

13

原寸成品

材料（※1組）
- 厚0.3mm透明熱縮片 8×8cm×2片
- 直徑5mm捷克珠（火焰拋光Fire-Polish：透明・白色）…各2顆
- 直徑3mm捷克珠（火焰拋光Fire-Polish：透明）…2顆
- C圈（鍍銠）a：0.7×4mm、b：0.8×5mm…各4個
- 9針 0.6×20mm（鍍銠）…2支
- T針 0.6×20mm（鍍銠）…2支
- 耳針五金（附後束之耳針：鍍銠）…1組

著色工具 粉彩條（水藍色・藍綠色・藍紫色）

工具 砂紙、紙膠帶、錐子、廚房紙巾、剪刀、美工刀、打洞機、平口鉗、圓嘴鉗、斜口鉗、烤箱、手套

原寸紙型…P.15

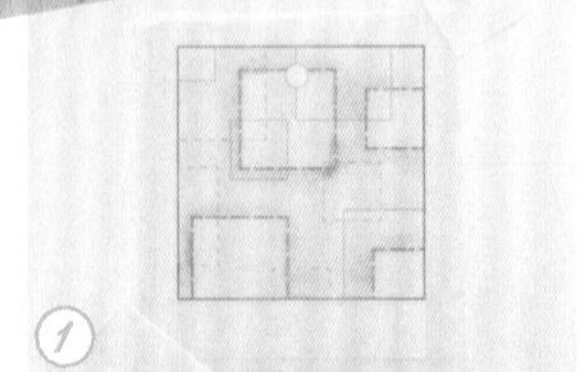

① 將透明熱縮片磨砂拋光之後，疊放在紙型上，貼上紙膠帶固定。並以錐子事先劃出外側輪廓的記號。

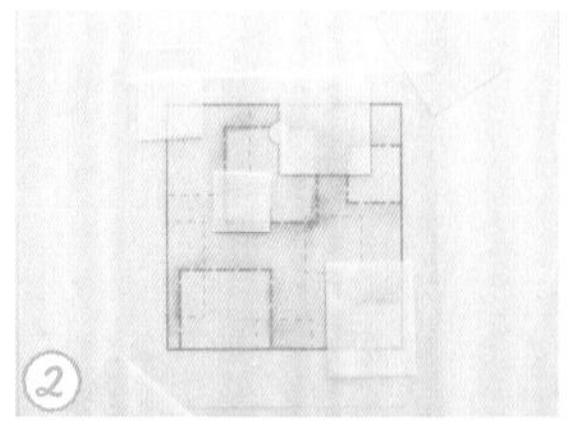

② 將原寸紙型的A色方塊貼上紙膠帶遮住。

③ 以美工刀刮取A色的粉彩條，使色粉落在步驟②的紙膠帶上。

④ 以廚房紙巾推抹色粉，並擦進紙膠帶的周圍。

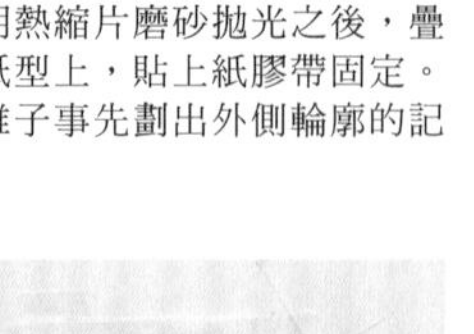
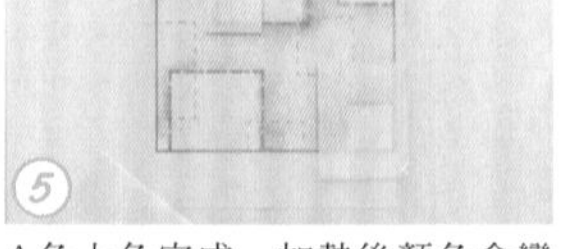

⑤ A色上色完成。加熱後顏色會變深，所以淺色著色即可。

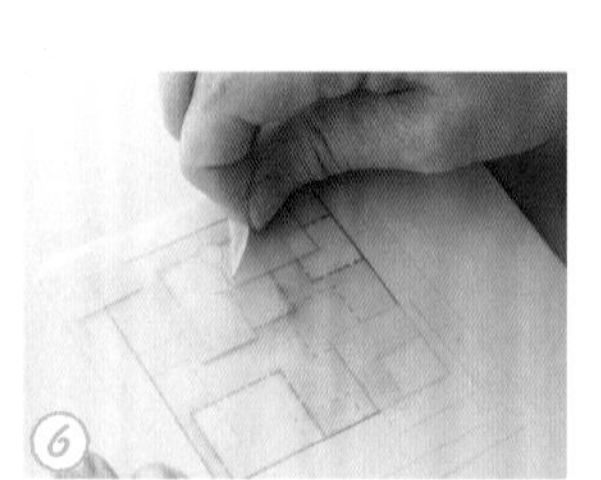

⑥ 撕下紙膠帶。

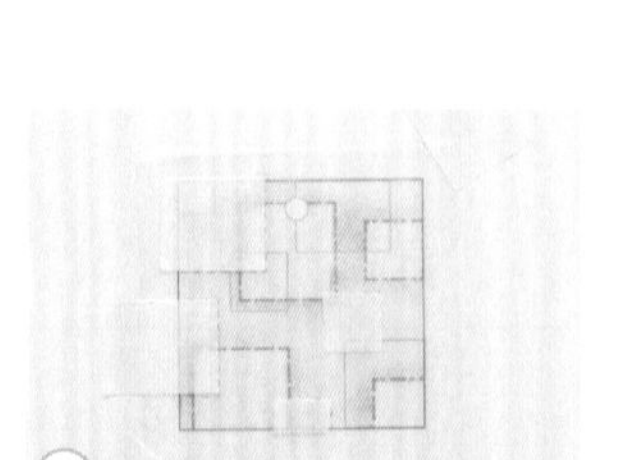

⑦ 將B色的方塊貼上紙膠帶遮住。

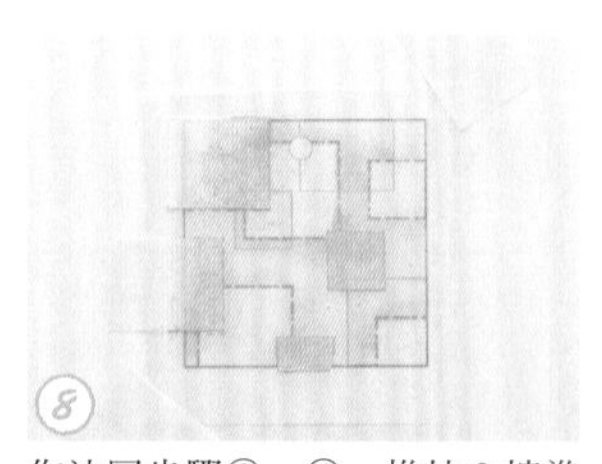

⑧ 作法同步驟③・④，推抹＆擦進B色粉，再撕下紙膠帶。

 飾品配件協力／貴和製作所

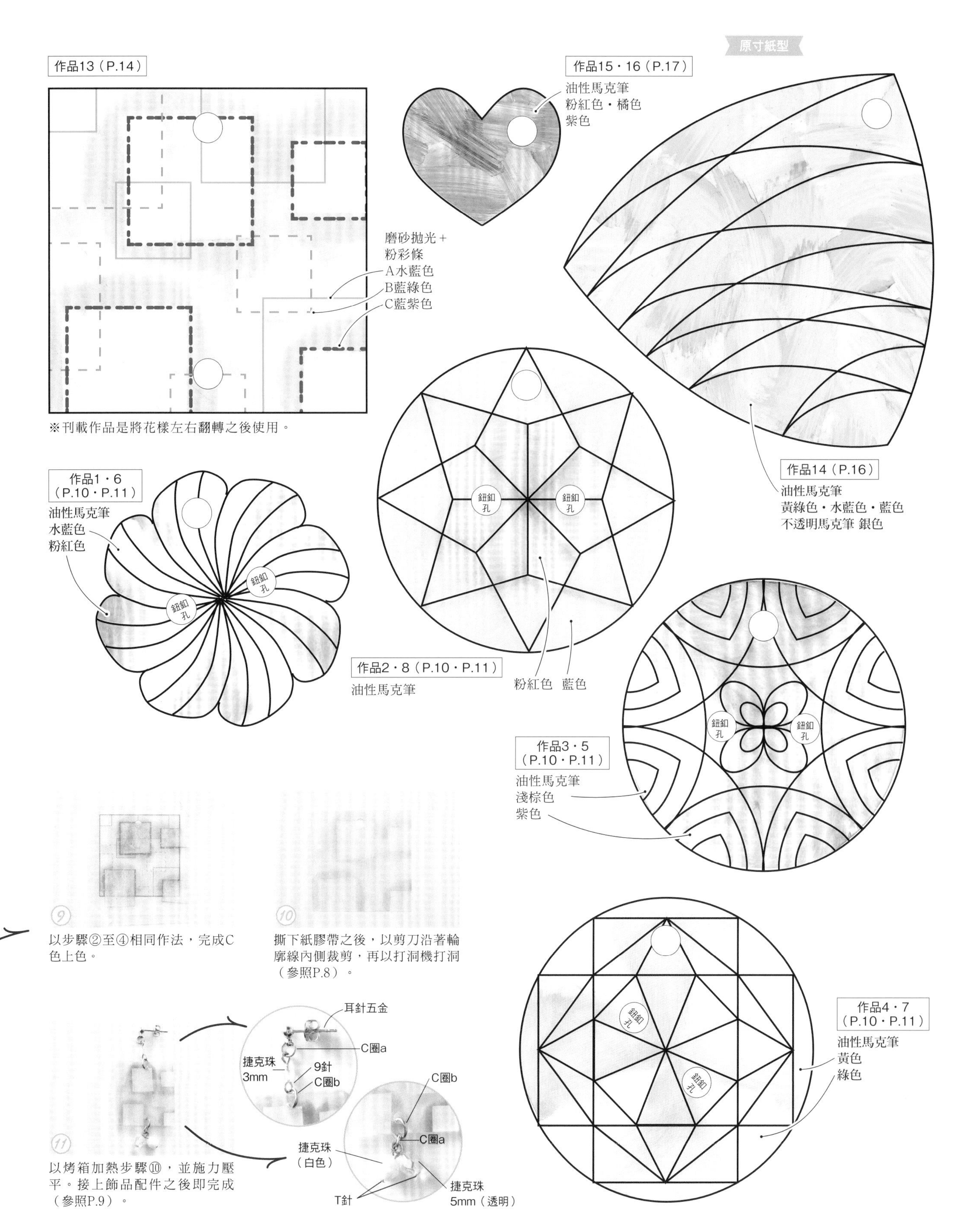

⑨ 以步驟②至④相同作法，完成C色上色。

⑩ 撕下紙膠帶之後，以剪刀沿著輪廓線內側裁剪，再以打洞機打洞（參照P.8）。

⑪ 以烤箱加熱步驟⑩，並施力壓平。接上飾品配件之後即完成（參照P.9）。

以油性馬克筆稍微上色，
並趁著墨水未乾之前，
以廚房紙巾大略地推抹開來。

鬱鬱蔥蔥的三角形耳環

由淺色起，如同填滿空隙般，
以作此法依序重複塗上三種顏色……
試著隨意＆快速地畫畫看吧！

材料（※1組）
- 厚0.3mm透明熱縮片 10×10cm×2片
- 直徑6mm玻璃珠（32切面．圓形珠：水藍色）…2顆
- C圈（銀色）a：0.7×4mm．b：0.8×5mm…各2個
- 9針 0.6×20mm（銀色）…2支
- 耳針五金（附後束之耳針：銀色）…1組

著色工具 油性馬克筆（黃綠色．水藍色．藍色）
不透明馬克筆（銀色）

工具 錐子、廚房紙巾、剪刀、打洞機、平口鉗
圓嘴鉗、斜口鉗、烤箱、手套

原寸紙型…P.15

作品14 Lesson

① 以黃綠色油性馬克筆於透明熱縮片上著色後，立即以廚房紙巾推抹開來。此時請保持適當的間隔，整面隨意地上色。

② 水藍色油性馬克筆也依相同方式，如同填滿空隙般地，於整面上色。

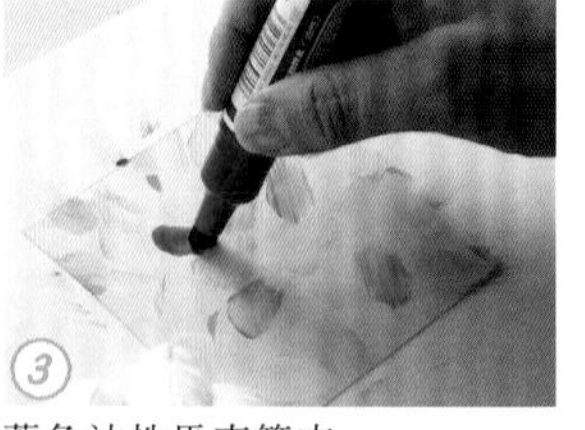

③ 藍色油性馬克筆亦同，可於部分重疊著色，或改變方向著色。

④ 並非全面厚厚的塗上一層，殘留一些條紋或深淺也OK。

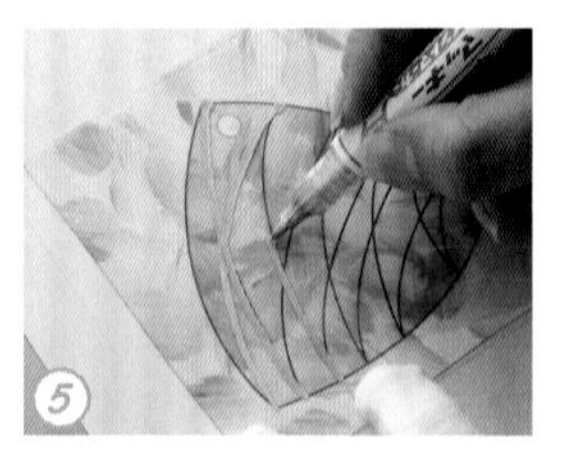

⑤ 將步驟④疊放在原寸紙型上，以銀色不透明馬克筆描繪全部的線條。

⑥ 使用剪刀以保留輪廓線的方式裁剪，再以打洞機打洞（參照P.8）。

⑦ 以烤箱加熱步驟⑥，並施力壓平。接上飾品配件之後即完成（參照P.9）。

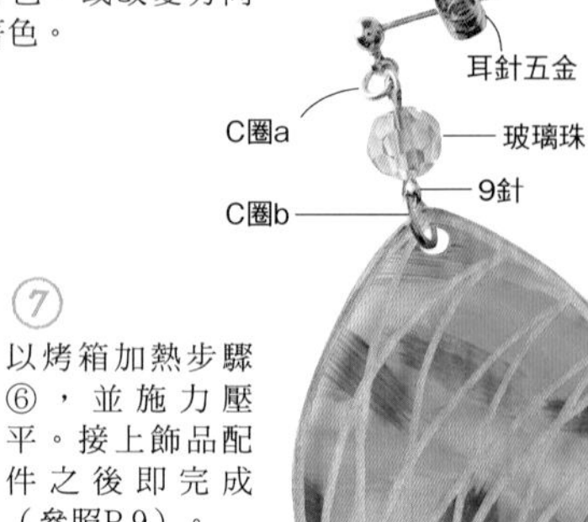

原寸成品

材料

【作品15髮束】
- 厚0.3mm透明熱縮片 8×8cm
- 直徑5mm施華洛世奇水晶珠＃5328（紅色）…1顆
- C圈（金色）a：0.8×5mm…5個
  b：1×6mm…1個
- T針 0.6×15mm（金色）…1支
- 寬1.5cm鬆緊帶（橘色）…28cm

【作品16蘇格蘭別針】
- 厚0.3mm透明熱縮片 12×12cm
- 直徑5mm施華洛世奇水晶珠＃5328（粉紅色・紅色）…各1顆
- C圈（金色）a：0.8×5mm…12個
- T針 0.6×15mm（金色）…2支
- 長43mm蘇格蘭別針（金色）…1支

著色工具 油性馬克筆（粉紅色・橘色・紫色）

工具 錐子、廚房紙巾、剪刀、打洞機、平口鉗、圓嘴鉗、斜口鉗、烤箱、手套

原寸紙型…P.15

心形髮束＆蘇格蘭別針

將許許多多的心形
以C圈連接、再連接……
重疊成如層層花瓣般的模樣♪

① 作法同P.16步驟①至④，以油性馬克筆依粉紅色・橘色・紫色的順序上色。

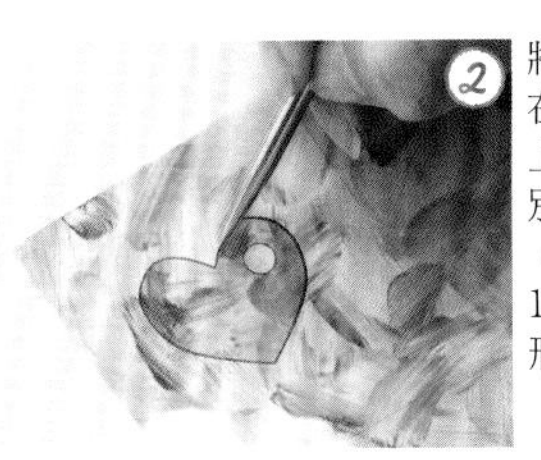

② 將步驟①疊放在原寸紙型上，以錐子分別描繪作品15（4片）＆作品16（9片）的心形輪廓。

③ 以剪刀沿輪廓線內側裁剪，再以打洞機打洞（參照P.8）。

④ 以烤箱加熱步驟③，並施力壓平（參照P.9）。

⑤ 接上飾品配件即可完成（參照P.9）。

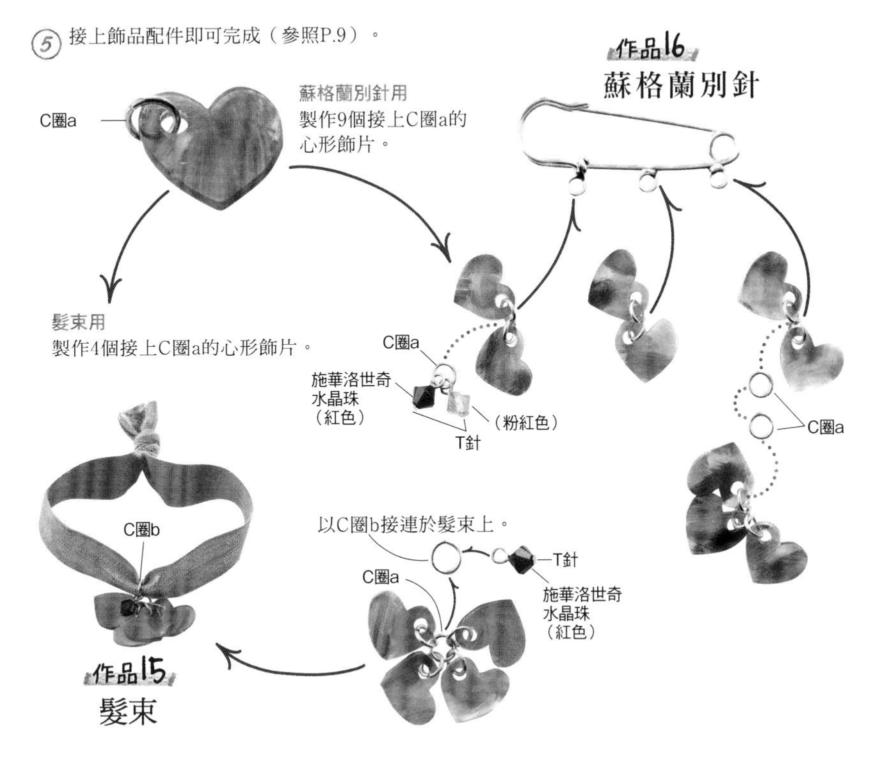

雙層圈圈的垂墜式耳環

內側以美工刀鏤空之後，
接連上方或下方都OK，
也可以作為鈕釦使用……

僅以不透明馬克筆
描繪點點&線條也很可愛喔！

17

18

鈕釦

19

鈕釦

20

使用油性馬克筆時，
不妨改變線條的粗細，
或大面積塗色……

材料 （※1組）

【作品17・18・19・20通用】

厚0.3mm透明熱縮片 11×11cm×2片

【作品17・20通用】

- C圈（金色）a：0.7×4mm…4個
  b：0.8×5mm…6個
- 耳環五金（20mm耳鉤：金色）…1組

【作品18】

- 直徑4mm玻璃珠（32切面・圓形珠：透明）…2顆
- C圈（金色）a：0.7×4mm…2個
  b：0.8×5mm…4個
- T針 0.7×20mm（金色）…2支
- 耳環五金（20mm耳鉤：金色）…1組

【作品19】

- 直徑9mm長菱形串珠（黑色）…2顆
- C圈（金色）a：0.7×4mm・b：0.8×5mm…各2個
- 9針 0.7×20mm（金色）…2支
- 耳針五金（附後束之耳針13mm：金色）…1組

著色工具 作品17／不透明馬克筆（A黃綠色・B綠色）、作品18／不透明馬克筆（A黃色・B山吹色）、作品19／油性馬克筆（A紅色・B藍色）、作品20／油性馬克筆（黃色・綠色・藍色）

工具 錐子、剪刀、美工刀、打洞機、平口鉗、圓嘴鉗、斜口鉗、烤箱、手套

原寸紙型…P.19・P.28

 飾品配件協力／藤久株式會社

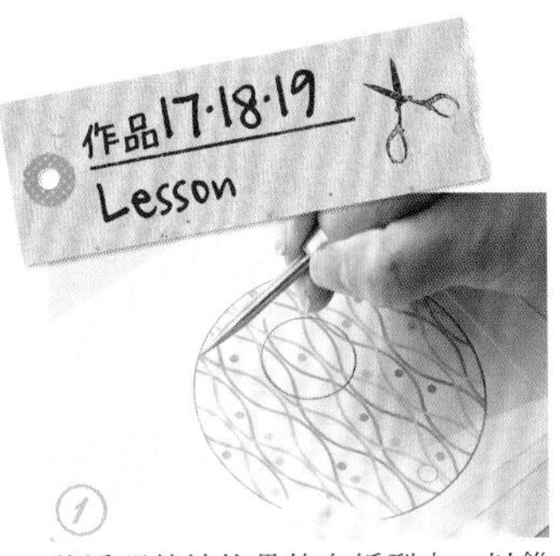

① 將透明熱縮片疊放在紙型上，以錐子描劃外側＆內側的圓形輪廓，並事先於打洞位置的中心標示記號。

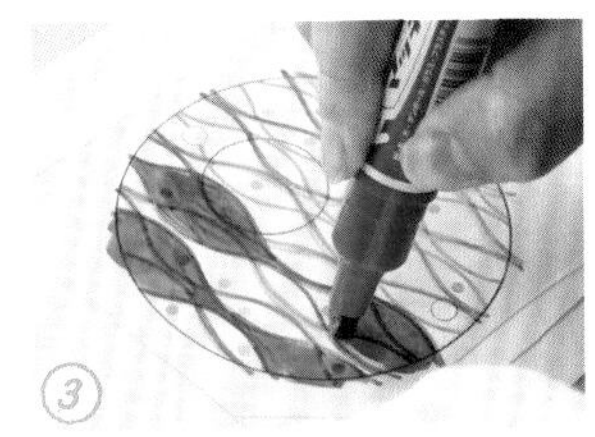

② 以馬克筆描繪紙型的A色線條。

③ 將作品19翻面（以免顏色混雜）描繪B色的線條，再將線條內側則如圖所示塗滿B色。作品17．18則是待A色完全乾燥之後，再於同一面描繪B色的線條。

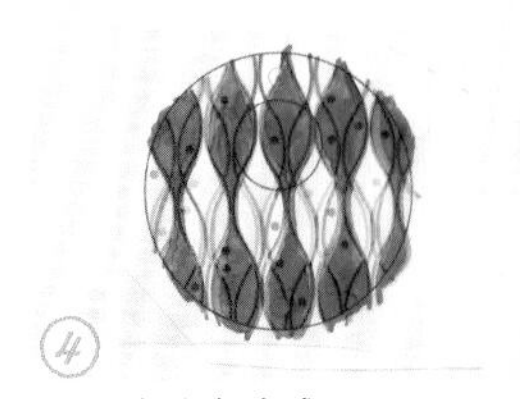

④ A．B色上色完成。

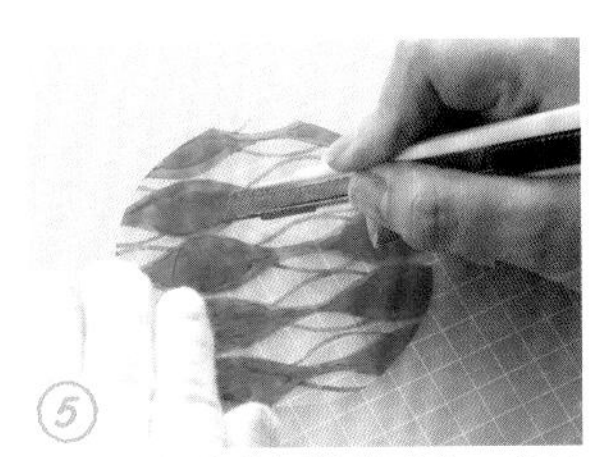

⑤ 以剪刀裁剪外側的輪廓線，並以美工刀鏤空內側的圓。

⑥ 以打洞機打洞（參照P.8）。

⑦ 以烤箱加熱步驟⑥，並施力壓平。接上飾品配件之後即完成（參照P.9）。

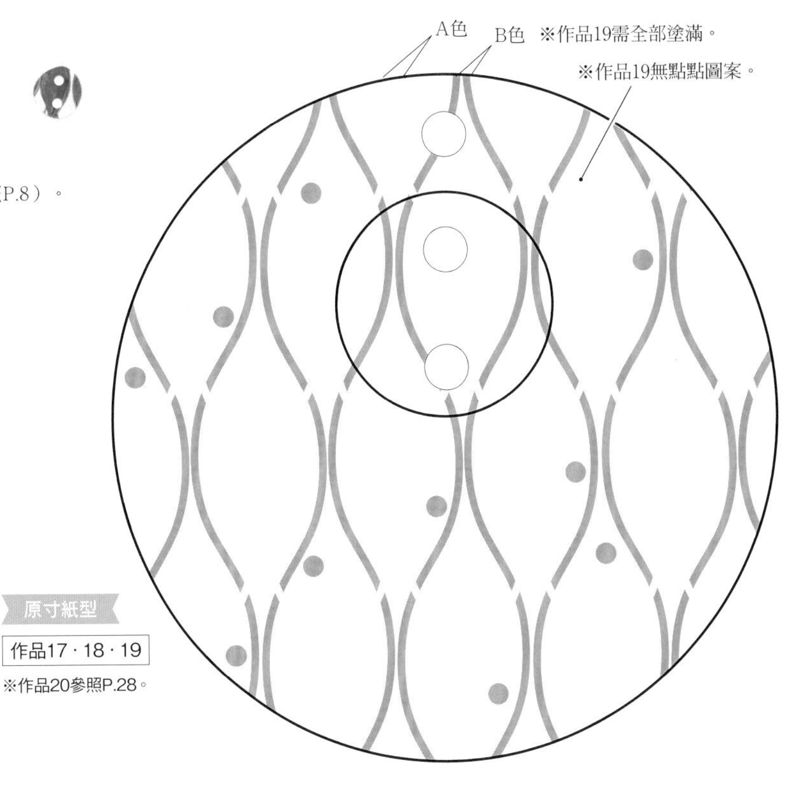

原寸成品

原寸紙型

作品17・18・19

※作品20參照P.28。

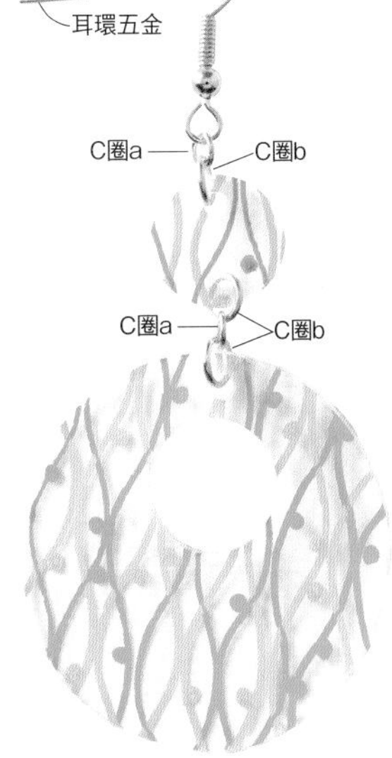

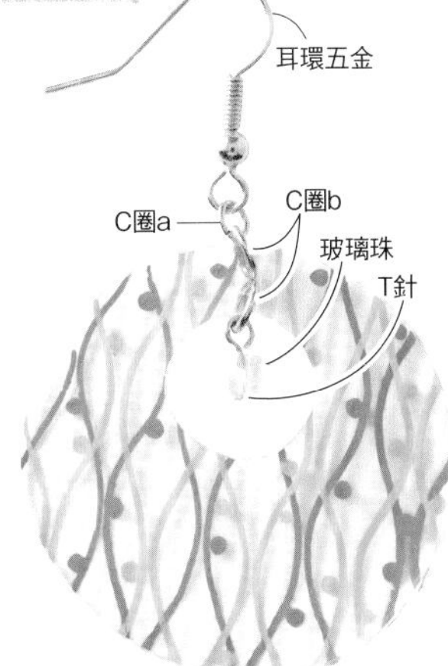

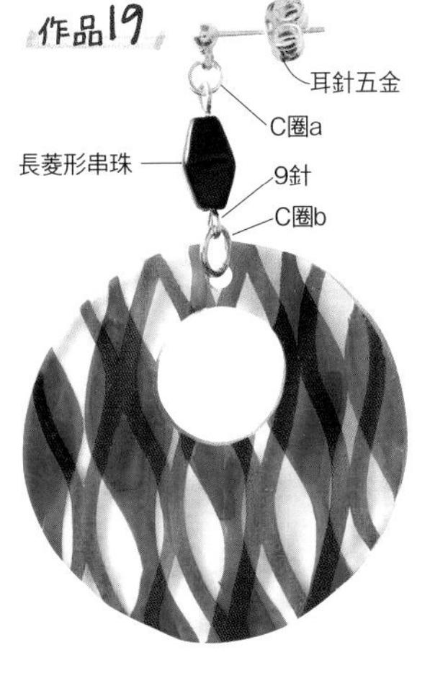

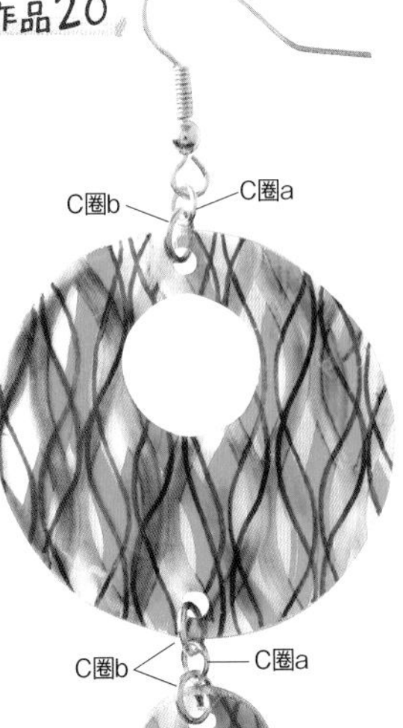

清純玫瑰花樣耳環

材料（※1組）
【作品21・22通用】
- 厚0.3mm透明熱縮片 10×10cm×2片

【作品21】
- 直徑5mm捷克珠（火焰拋光：白色）…2顆
- C圈 0.8×5mm（霧面銀）…4個
- 9針 0.7×30mm（霧面銀）…2支
- 耳環五金（20mm耳鉤：霧面銀）…1組

【作品22】
- 9×6mm施華洛世奇水晶珠＃5500（水滴珠：深橘色）…2顆
- C圈 0.8×5mm（霧面銀）…6個
- T針 0.7×30mm（霧面銀）…2支
- 耳環五金（20mm耳鉤：霧面銀）…1組

著色工具 作品21／色鉛筆（淺橘色）・粉彩條（紅色）、作品22／不透明馬克筆（金色・極細字）

工具 砂紙、錐子、廚房紙巾、棉花棒、剪刀、打洞機、平口鉗、圓嘴鉗、斜口鉗、烤箱、手套

原寸紙型…P.21

將透明熱縮片磨砂拋光之後，
以色鉛筆畫出輪廓線，
再以粉彩條在花蕊處輕輕上色。

21

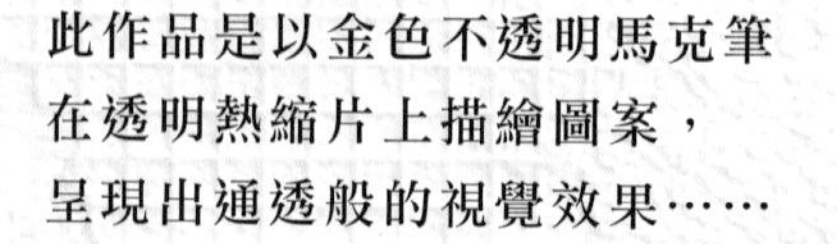

此作品是以金色不透明馬克筆
在透明熱縮片上描繪圖案，
呈現出通透般的視覺效果……

 飾品配件協力／貴和製作所

① 將磨砂處理（參照P.8）過的透明熱縮片疊放在紙型上，以錐子描劃紙型的輪廓，並標示出打洞位置的記號。

② 以色鉛筆描繪玫瑰的花樣。

③ 玫瑰圖案描繪完成。

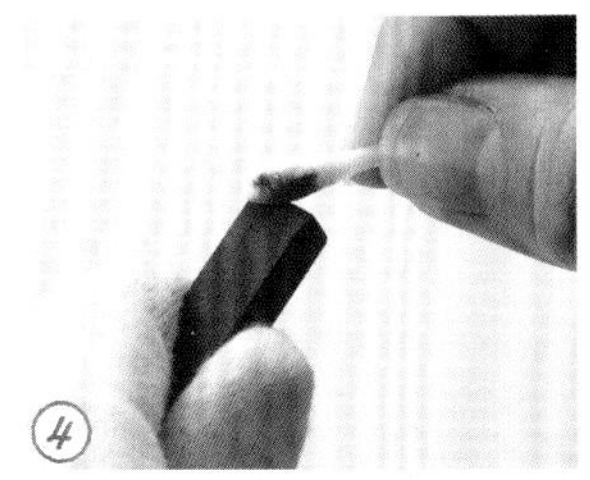

④ 以棉花棒沾取紅色粉彩。使用硬式粉彩條時，以棉花棒沾取美工刀刮下的色粉即可。

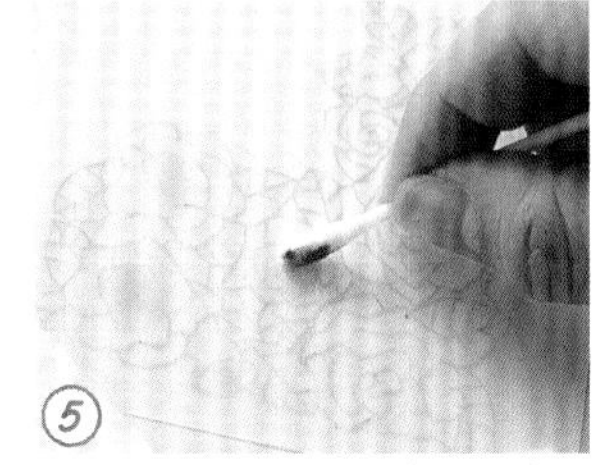

⑤ 取棉花棒於玫瑰中心處，以畫圓的方式推抹暈開＆上色。

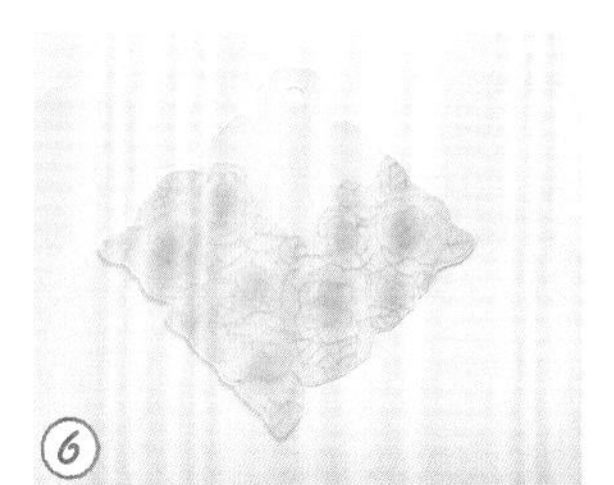

⑥ 以剪刀裁剪輪廓之後，再以打洞機打洞（參照P.8）。

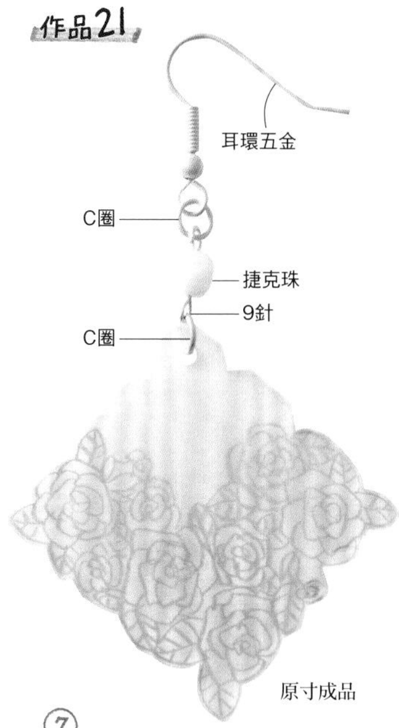

⑦ 以烤箱加熱步驟⑥，並施力壓平。接上飾品配件之後即完成（參照P.9）。

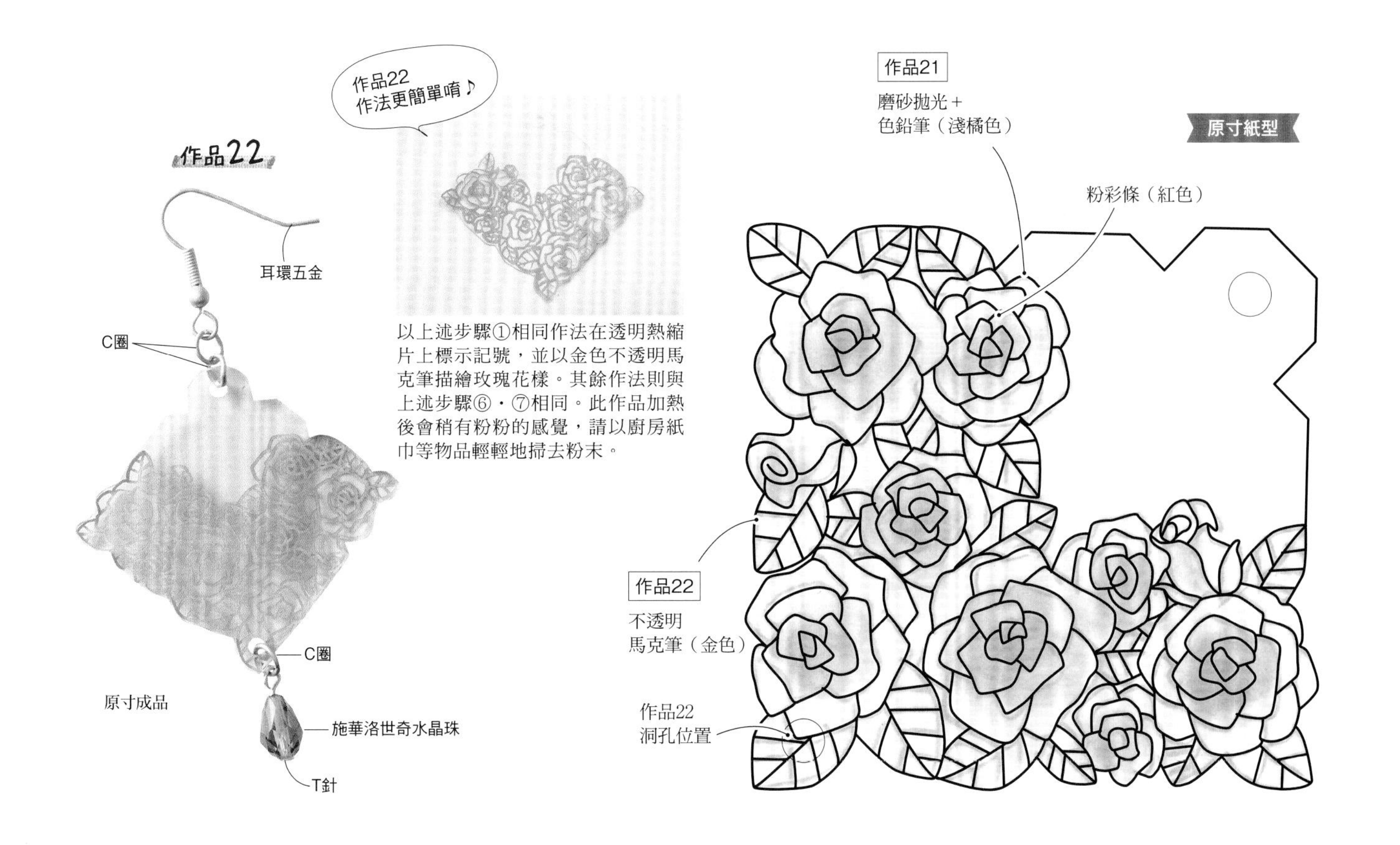

以上述步驟①相同作法在透明熱縮片上標示記號，並以金色不透明馬克筆描繪玫瑰花樣。其餘作法則與上述步驟⑥．⑦相同。此作品加熱後會稍有粉粉的感覺，請以廚房紙巾等物品輕輕地掃去粉末。

藍&白
花朵髮夾

裝飾在耳鬢旁，
或作為髮上的點綴……
作成單色線繪的花朵，
或塗上顏色的花朵，都是可愛的髮夾。

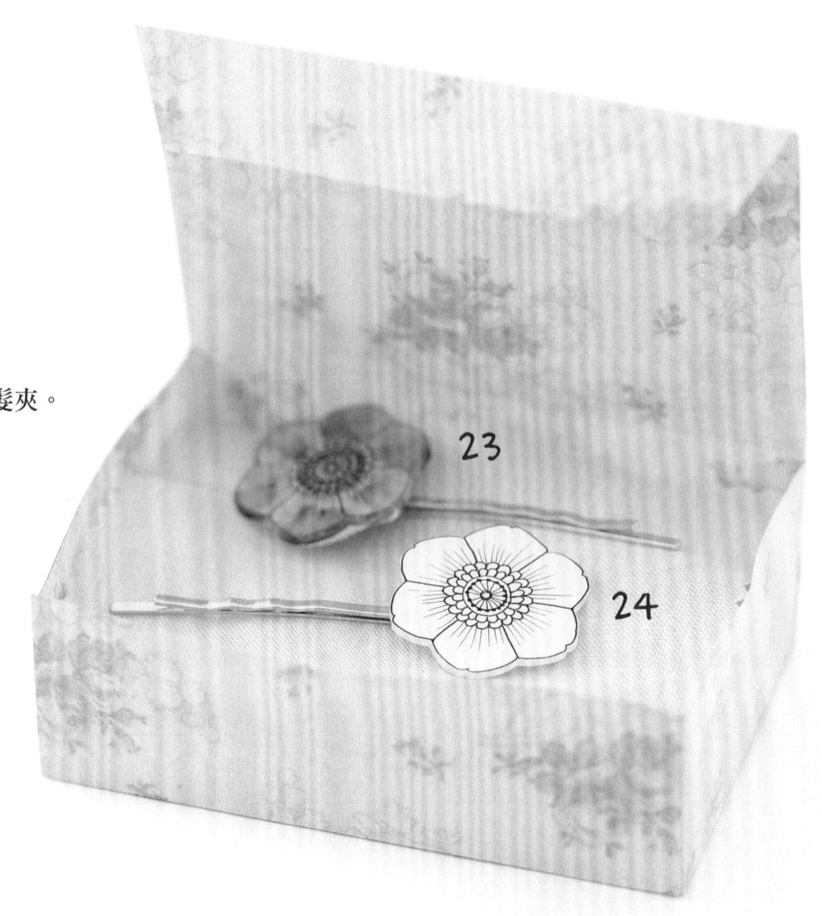

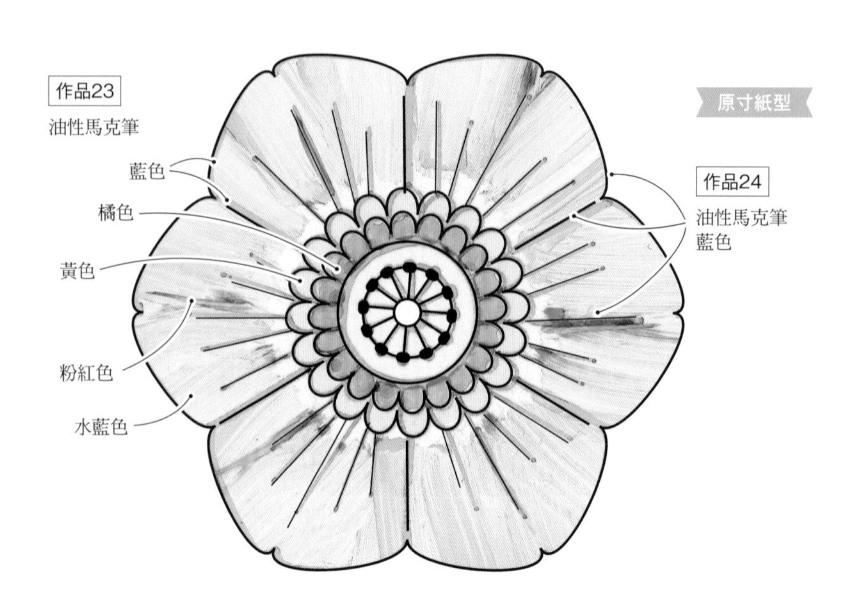

 飾品配件協力／貴和製作所

材料

【作品23】

- 厚0.3mm透明熱縮片 9×9cm
- 羊毛氈（淺駝色）…5×5cm

【作品24】

- 厚0.2mm白色熱縮片 9×9cm

【作品23・24通用】

- 直徑10mm圓形底托髮夾 長60mm（金色）…1支

著色工具 作品23／油性馬克筆（藍色・橘色・黃色・粉紅色・水藍色）、作品24／油性馬克筆（藍色）

工具 廚房紙巾、剪刀、烤箱、手套、接著劑

原寸紙型…P.22

作品23 Lesson

①將透明熱縮片疊放在紙型上，以藍色油性馬克筆描繪所有的線條。

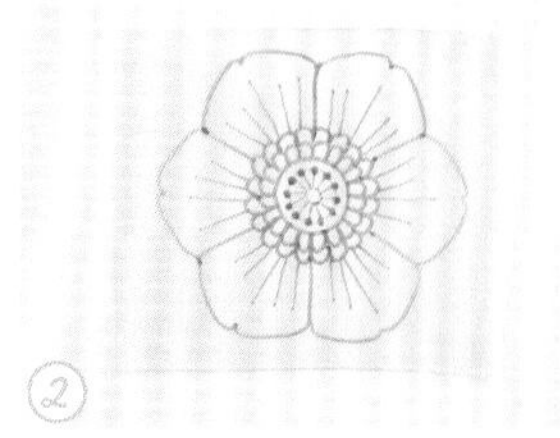

②完成圖案描摹。

Point!
為了避免圖案不見，
請先翻面之後再塗色。

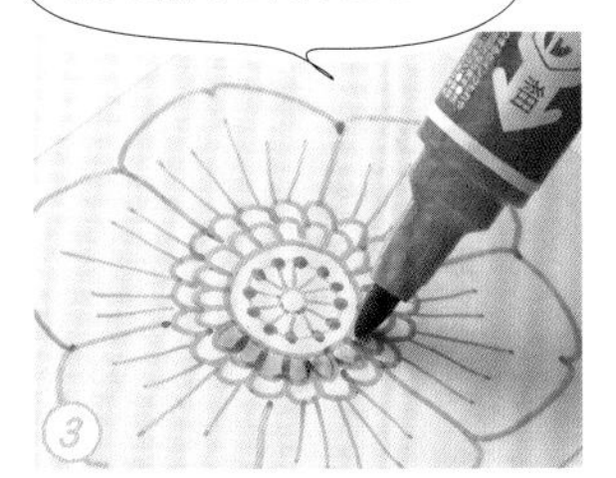

③將步驟②翻面之後，以橘色油性馬克筆將內側的花蕊塗上橘色。

④以黃色油性馬克筆將外側的花蕊塗上黃色。

⑤以粉紅的油性馬克筆將花朵的脈紋上色。

⑥趁墨水未乾之前，快速地以廚房紙巾往外側擦拭暈染。

⑦以水藍色油性馬克筆在花瓣上放射狀地上色。

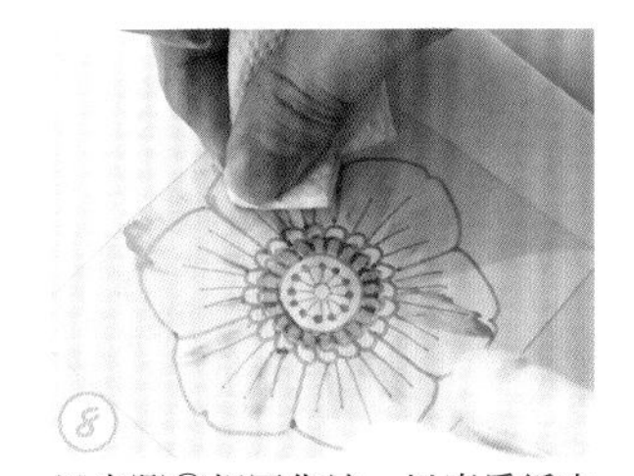

⑧以步驟⑥相同作法，以廚房紙巾快速地推抹暈開。

⑨上色完成。殘留些許線條或變色殘影也OK。

⑩使用剪刀以保留輪廓線的方式裁剪（參照P.8）。

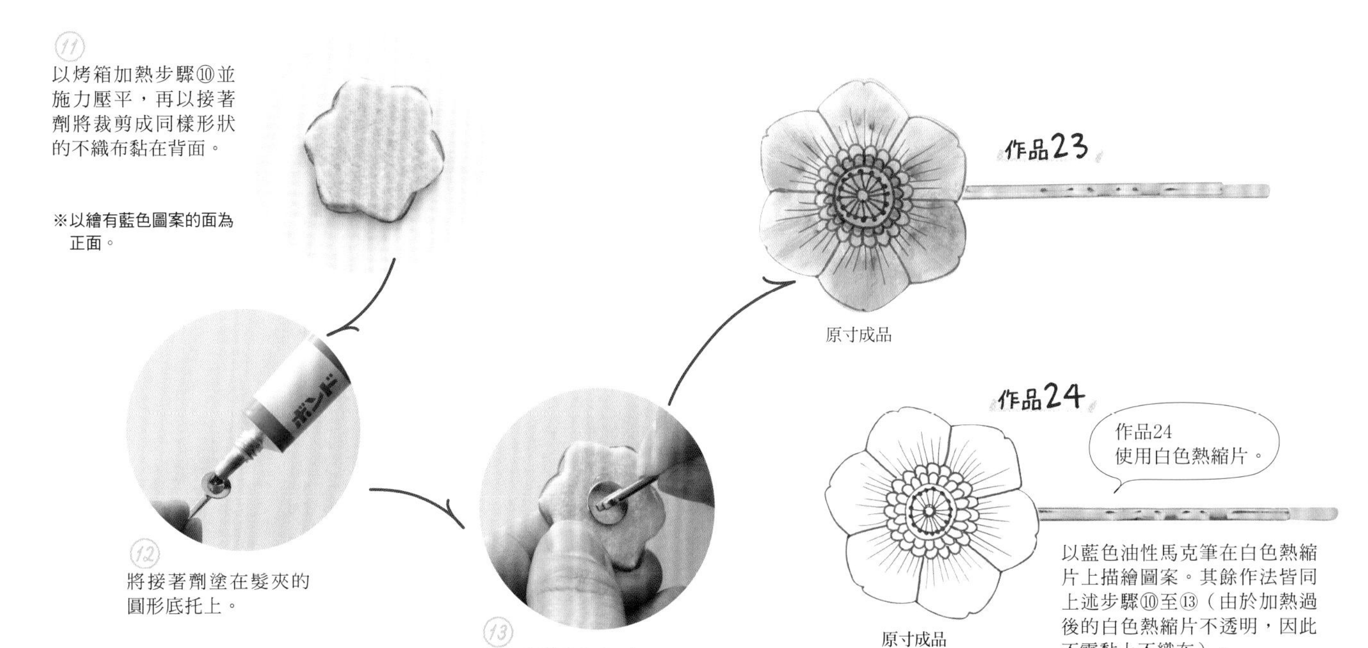

⑪以烤箱加熱步驟⑩並施力壓平，再以接著劑將裁剪成同樣形狀的不織布黏在背面。

※以繪有藍色圖案的面為正面。

⑫將接著劑塗在髮夾的圓形底托上。

⑬黏在步驟⑪的背面。

作品23

原寸成品

作品24

作品24
使用白色熱縮片。

原寸成品

以藍色油性馬克筆在白色熱縮片上描繪圖案。其餘作法皆同上述步驟⑩至⑬（由於加熱過後的白色熱縮片不透明，因此不需黏上不織布）。

幸福青鳥耳環

利用數款藍色系的油性馬克筆
表現出漸層效果。
在墨水未乾之前，
以廚房紙巾快速擦拭暈染吧！

1 將透明熱縮片疊放在紙型上，以錐子描劃紙型的線條&繪出條紋。

材料（※1組）

【作品25】
- 厚0.3mm透明熱縮片 8×13cm×2片
- 直徑6mm玻璃珠（32切面・圓形珠：深綠色）…各2顆
- C圈（銀色）a：0.7×4mm…2個
  b：0.8×5mm…4個
- T針 0.6×20mm（銀色）…2支
- 耳環五金（20mm耳鉤：銀色）…1組

【作品26】
- 厚0.3mm透明熱縮片 12×6cm×2片
- 直徑4mm玻璃珠（32切面・圓形珠：水藍色・淺粉紅色）…各2顆
- 直徑3mm珍珠 消光キスカ…2顆
- C圈（銀色）a：0.7×4mm、b：0.8×5mm…各4個
- T針 0.6×20mm（銀色）…4支
- 耳環五金（附後束之耳針：銀色）…1組

著色工具 油性馬克筆（作品25／水藍色・藍色・綠色・紫色、作品26／黃綠色・水藍色・粉紅色・藍色）

工具 錐子、廚房紙巾、剪刀、打洞機、平口鉗、圓嘴鉗、斜口鉗、烤箱、手套

原寸紙型…P.25

作成這種風格
也很可愛唷♪

透明熱縮片磨砂拋光之後，同P.42以色鉛筆描繪線條，並以粉彩條上色暈染也可創作出絕妙的效果！

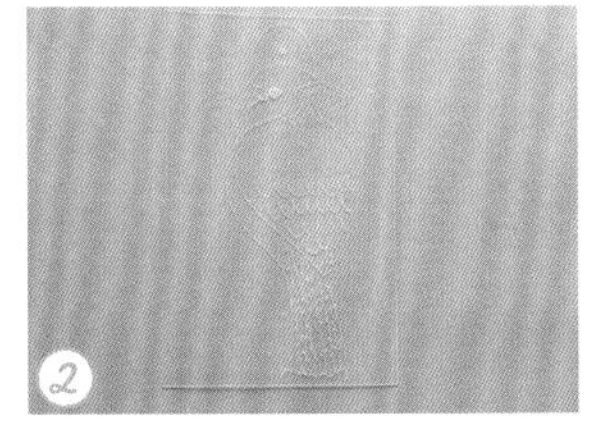

②完成輪廓＆內側圖案描摹。眼珠部分也如同全部塗抹般，事先磨出痕跡。

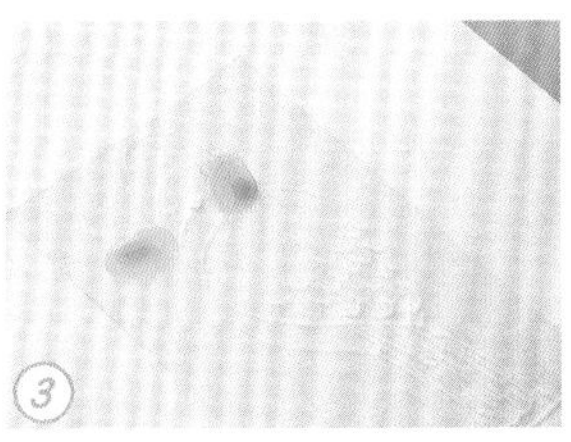

③一邊查看紙型的顏色，一邊以油性馬克筆塗色。從淺色系開始上色較佳。

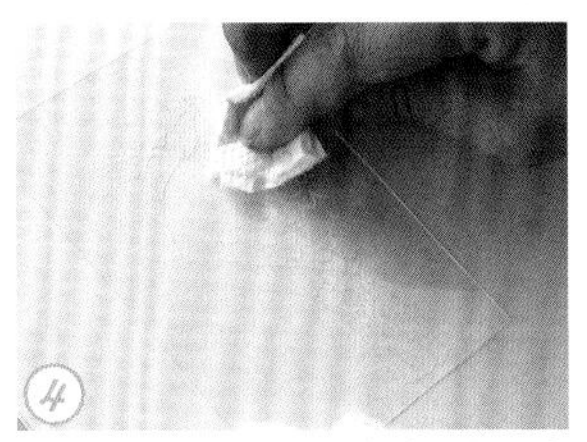

④趁墨水未乾之前，取廚房紙巾以畫圓的方式，將墨水擦進條紋裡。

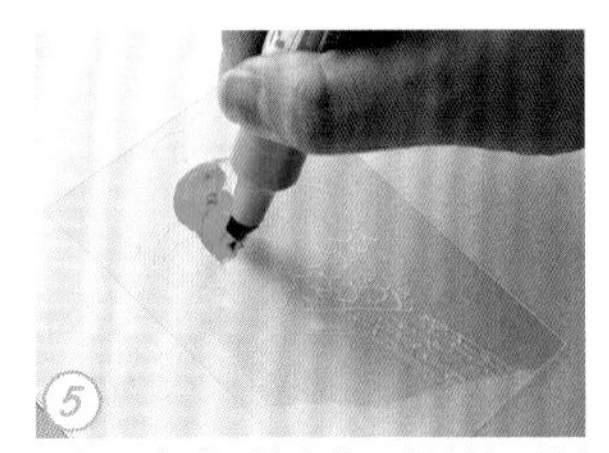

⑤以相同方式，塗上第二個顏色（深色）。

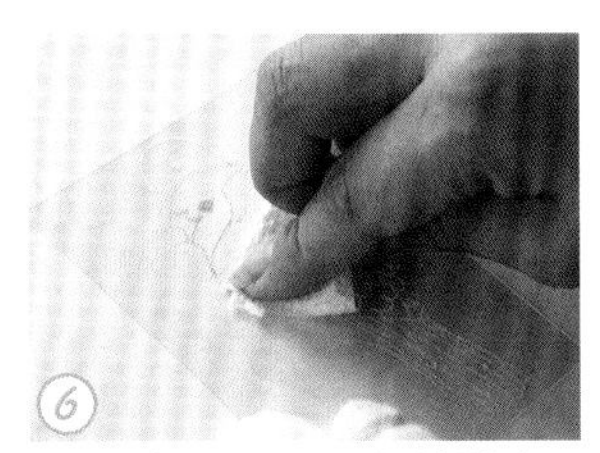

⑥同樣以廚房紙巾將墨水擦拭進去。使顏色的邊界如微微混色般地將顏色暈染開來。

⑦尾巴部分塗上稍多的墨水。

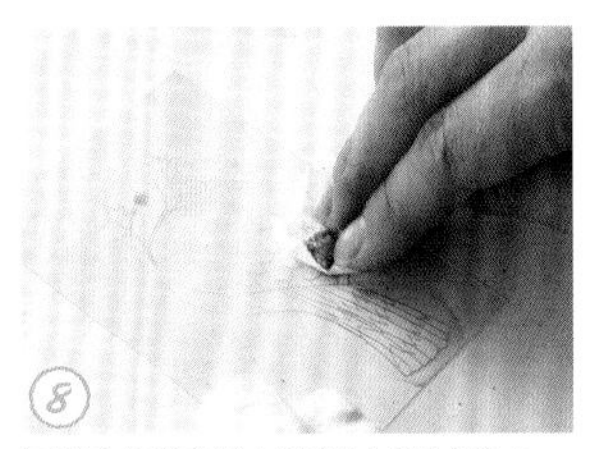

⑧同樣以廚房紙巾將墨水擦拭進去。其餘的顏色也依相同方式上色。

⑨使用剪刀以保留輪廓線的方式裁剪，再以打洞機打洞（參照P.8）。

⑩以烤箱加熱步驟⑨，並施力壓平。接上飾品配件之後即完成（參照P.9）。

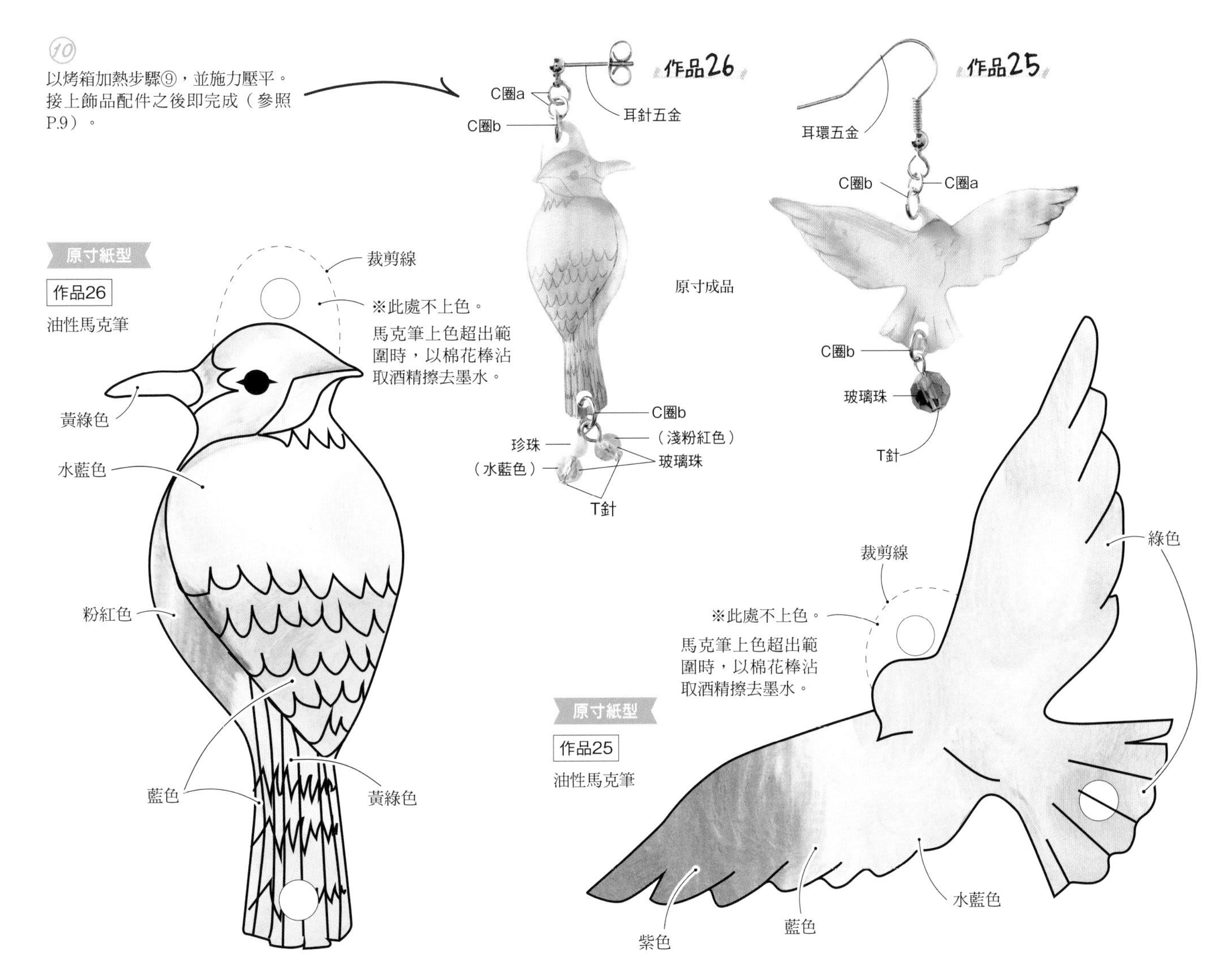

以厚實飽滿的UV膠
進行表面塗層！

六角形＆梯形耳環

熱縮片加熱收縮之後，
再以不透明馬克筆上色。
直接使用此作法的成品很容易掉色，
因此請以UV膠於表面進行塗層保護吧！

飾品配件協力／貴和製作所

材料（※1組）

【作品27】
- 厚0.3mm透明熱縮片 6×6cm×2片
- 耳針五金（圓形平台6mm：金色）…1組

【作品28】
- 厚0.3mm透明熱縮片 6×6cm×2片
- C圈（金色）c：0.8×5mm…2個
- T針 0.7×30mm（金色）…2支
- 9×6mm施華洛世奇水晶珠＃5500（水滴珠：粉紅色）…2顆
- 直徑3mm捷克珠（圓珠：奶油色）…2顆
- 耳針五金（圓形平台6mm：金色）…1組

【作品29】
- 厚0.3mm透明熱縮片 8×8cm×2片
- C圈（金色）b：0.7×4mm…2個
c：0.8×5mm…4個
- T針 0.7×30mm（金色）…2支
- 9×6mm施華洛世奇水晶珠＃5500（水滴珠：深橘色）…2顆
- 直徑4mm捷克珠（圓形珠：透明）…2顆
- 耳環五金（20mm耳鉤：金色）…1組

【作品30】
- 厚0.3mm透明熱縮片 6×6cm・8×8cm×各2片
- C圈（鍍鋯）a：0.6×3mm、c：0.8×5mm、d：0.8×6mm…各2個
- 9針 0.7×20mm（鍍鋯）…2支
- 4mm施華洛世奇水晶珠＃5040（透明）…2顆
- 耳針五金（附後束之耳針：鍍鋯）…1組

【作品31】
- 厚0.3mm透明熱縮片 8×8cm×2片
- 5mm施華洛世奇水晶珠＃5328（深橘色）…2顆
- 直徑8mm棉花珍珠（圓珠：キスカ）…2顆
- C圈（金色）a：0.6×3mm…2個
c：0.8×5mm…4個
- 9針 0.7×20mm（金色）…2支
- T針 0.7×20mm（金色）…2支
- 耳環五金（20mm耳鉤：金色）…1組

【作品32】
- 厚0.3mm透明熱縮片 10×6cm×2片
- 直徑4mm捷克珠（黃綠色）…4顆
- 小圓珠（淺茶色）…2顆
- C圈（金色）a：0.6×3mm
c：0.8×5mm…各2個
- 9針 0.7×30mm（金色）…2支
- 耳環五金（15mm耳鉤：金色）…1組

著色工具 不透明馬克筆（作品27／綠色・金色、作品28／黃色・粉紅色・山吹色、作品29／藍色・金色、作品30／水藍色・黃綠色・銀色、作品31・32／黃色・山吹色・黃綠色）、UV膠、金蔥亮粉（銀色）

工具 紙膠帶、錐子、棉花棒（必要時使用）、剪刀、打洞機、平口鉗、圓嘴鉗、斜口鉗、UV照射器、烤箱、手套、接著劑

原寸紙型…P.28・P.29

①將透明熱縮片疊放在紙型上，以錐子描劃紙型的線條，繪出條紋。

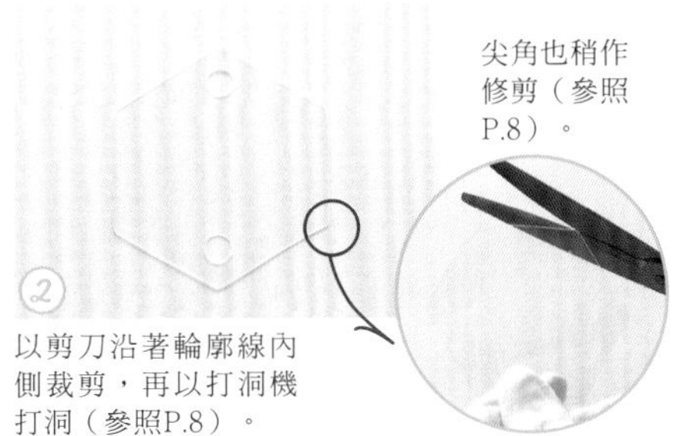

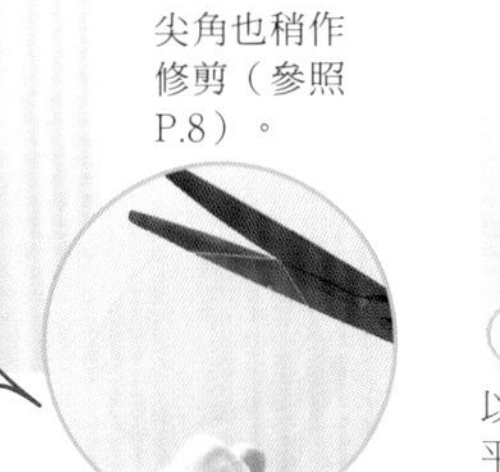

尖角也稍作修剪（參照P.8）。

②以剪刀沿著輪廓線內側裁剪，再以打洞機打洞（參照P.8）。

③以烤箱加熱步驟②，並施力壓平。

※作品28・31・32以不透明馬克筆如圖所示上色，並以UV膠進行表面塗層（參照P.28）。

①貼上紙膠帶遮住約一半的區塊，並以藍色（第1色）的不透明馬克筆上色。

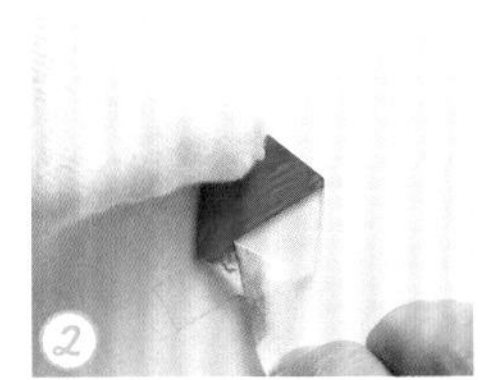

②充分乾燥後即可撕下紙膠帶。

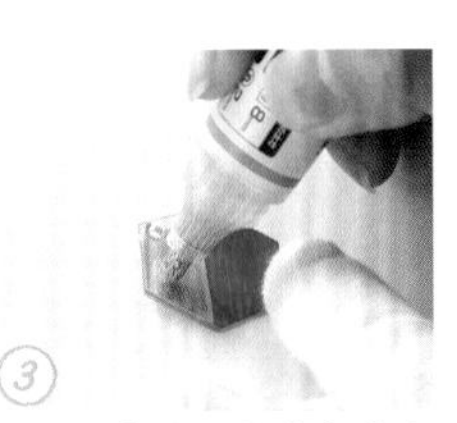

③待步驟①塗上的藍色完全乾燥之後，再塗上金色（第2色）。

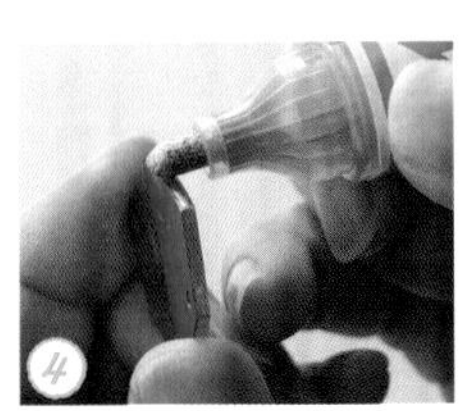

④待步驟③完全乾燥之後，再於四周的邊緣以金色不透明馬克筆上色。

⑤完全乾燥後，以UV膠進行表面塗層（參照P.28）。

①貼上紙膠帶遮住第2色的區塊，塗上第1色。

上色超出範圍時……

若尚未乾燥，請以棉花棒擦拭。

若已乾燥，則以錐子輕輕刮除。

②以上述步驟②至④相同作法塗上第2色。

③完全乾燥之後，以UV膠進行表面塗層。作品30中需加入金蔥亮粉使用（參照P.28）。

使用工具 UV膠、UV照射器

注意事項 務必在通風良好處進行＆避免直接接觸皮膚，一邊以錐子壓住膠片，一邊點塗UV膠。

建議事項 建議置於UV照射器內直接移動，或放在小型透明板上點塗較佳。
開孔被完全覆蓋時，可在經UV照射器硬化之後，再以手鑽（參照P.6）打洞。

～基本的塗法～

於著色面的中央，點上UV膠液。

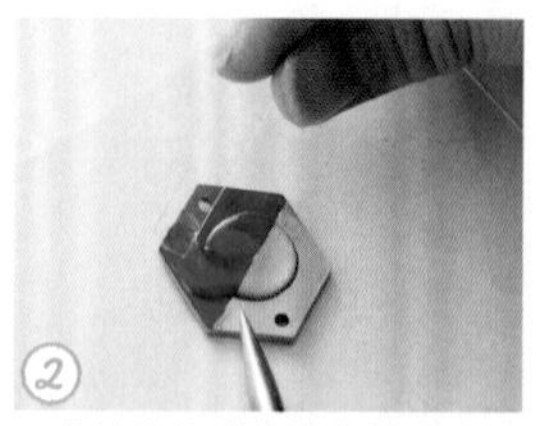
以熱縮片的剩片等物推抹至邊端。

盡可能避免塗抹到打洞處，均勻地推抹開來。

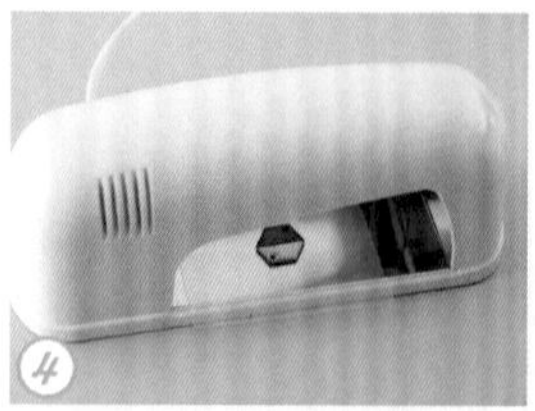
以UV照射器照射2至3分鐘（硬化時間依實物大小而有所差異）。

～應用～

在不用的板子上塗點UV膠液。

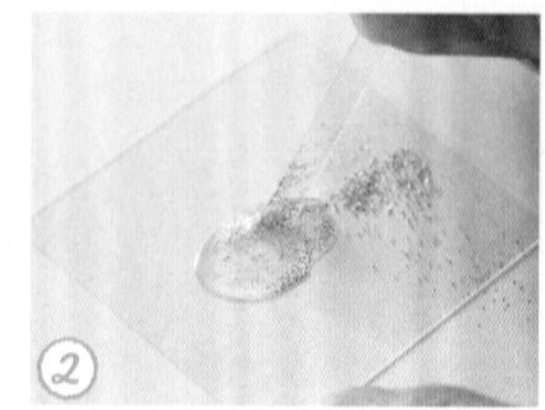
將金蔥亮粉加在步驟①中，以熱縮片的剩片等物，一點一點地調和在一起。

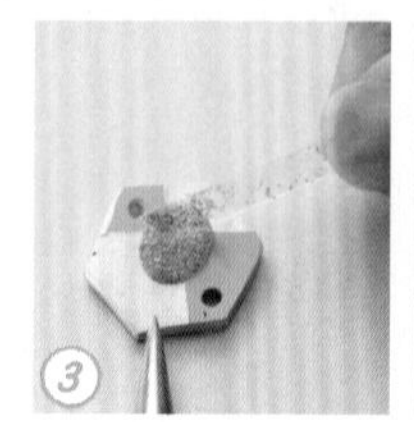
將步驟②放在著色面的中央，同上述作法一樣，均勻地推抹開來之後，以UV照射器將之硬化。

★以金蔥亮粉的指甲油或透明護甲油來取代也OK。

待UV膠完全乾燥就大功告成了！

※著色請依綠色→黃色→藍色的順序，於同一面描繪＆畫上線條。

原寸紙型

作品20（P.18）
油性馬克筆

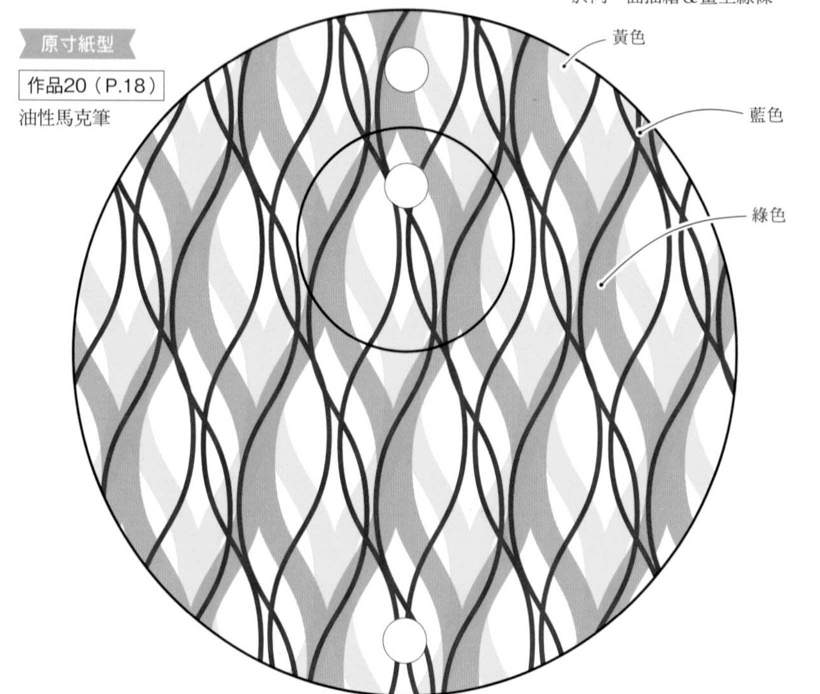

原寸紙型

作品32（P.26）

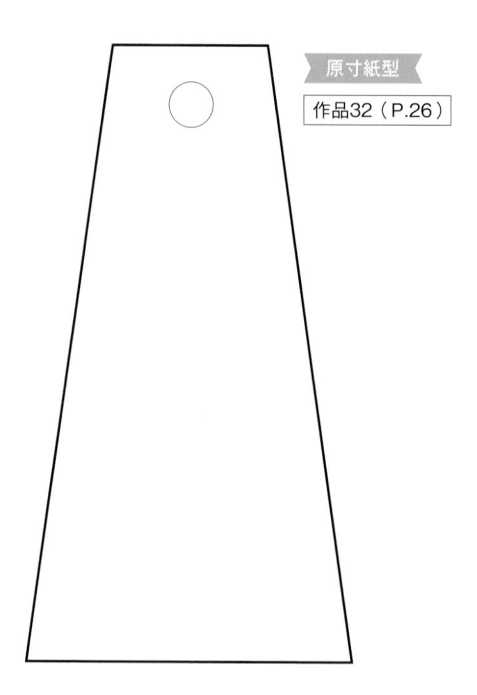

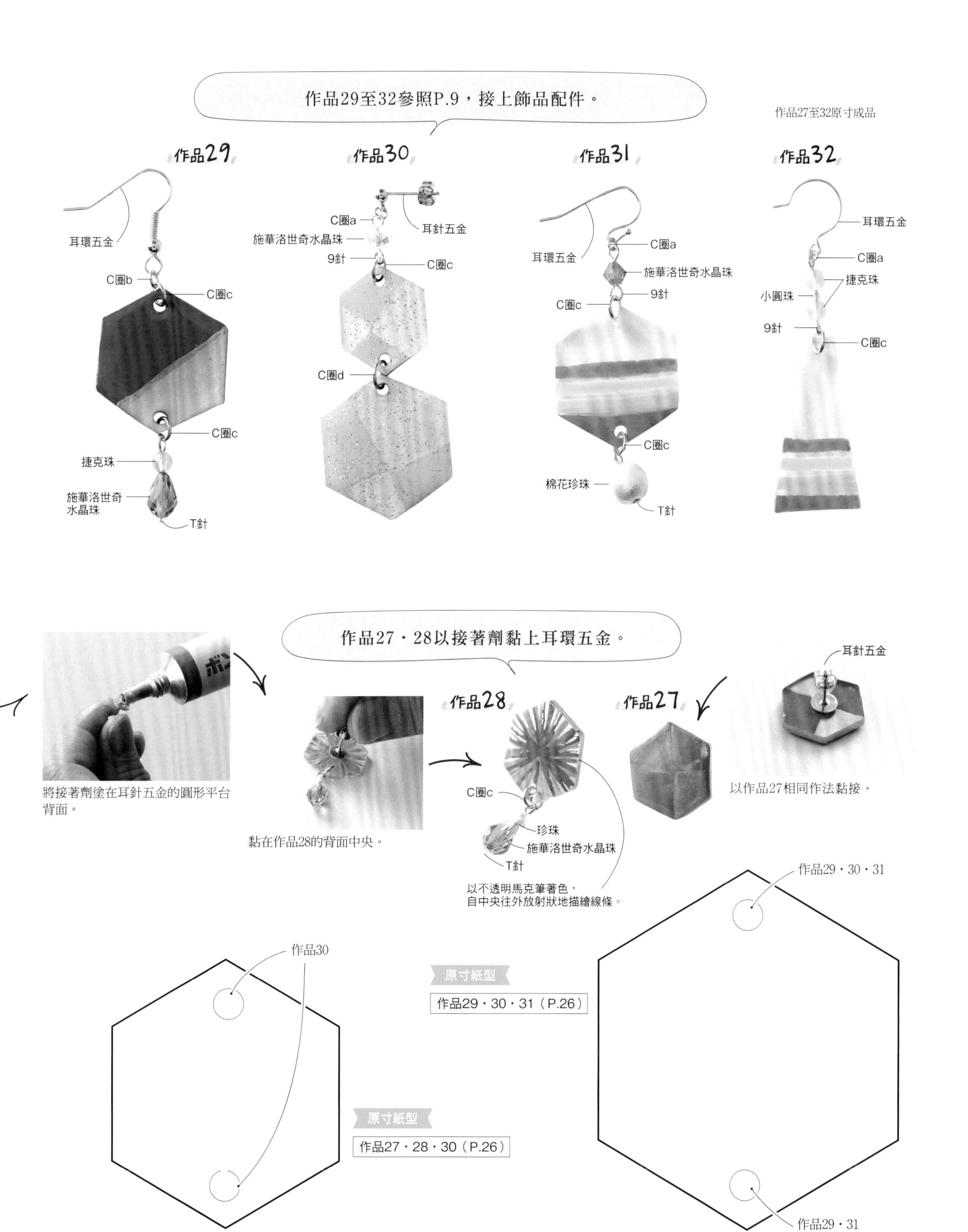

作品29至32參照P.9，接上飾品配件。
作品27至32原寸成品
作品29
耳環五金
C圈b
C圈c
C圈c
捷克珠
施華洛世奇水晶珠
T針
作品30
C圈a
施華洛世奇水晶珠
9針
耳針五金
C圈c
C圈d
作品31
耳環五金
C圈a
施華洛世奇水晶珠
9針
C圈c
C圈c
棉花珍珠
T針
作品32
耳環五金
C圈a
捷克珠
小圓珠
9針
C圈c
作品27・28以接著劑黏上耳環五金。
將接著劑塗在耳針五金的圓形平台背面。
黏在作品28的背面中央。
作品28
C圈c
珍珠
施華洛世奇水晶珠
T針
以不透明馬克筆著色，
自中央往外放射狀地描繪線條。
作品27
耳針五金
以作品27相同作法黏接。
作品29・30・31
作品30
原寸紙型
作品29・30・31（P.26）
原寸紙型
作品27・28・30（P.26）
作品29・31

原寸成品

新葉項鍊

只要稍加扭轉彎摺，
即可塑造出葉子的氛圍……
斑駁的色調、彎曲的模樣，
不一致的風格才是完美♪

材料
- 厚0.2mm透明熱縮片 4.5×9cm×3片
- 直徑4mm施華洛世奇水晶珠＃5328（綠色）…2顆
- C圈 0.8×5mm（鍍銠）…2個
- 直徑8mm造型C圈（twist盤繞型：鍍銠）…1個
- T針 0.6×20mm（鍍銠）…2支
- 鍊條（費加羅鍊 喜平鏈：鍍銠）…73cm

著色工具 色鉛筆（白色）、粉彩條（綠色・深黃綠色）

工具 砂紙、廚房紙巾、剪刀、美工刀、打洞機、平口鉗、圓嘴鉗、斜口鉗、烤箱、手套

原寸紙型…P.33

作品33 Lesson

① 將磨砂處理（參照P.8）過的透明熱縮片疊放在紙型上，以白色的色鉛筆描繪輪廓＆葉片的脈紋。

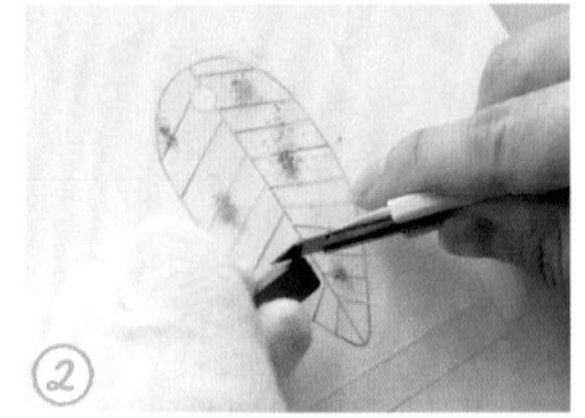

② 以美工刀刮取2色的粉彩條，使色粉隨意地落在熱縮片上。

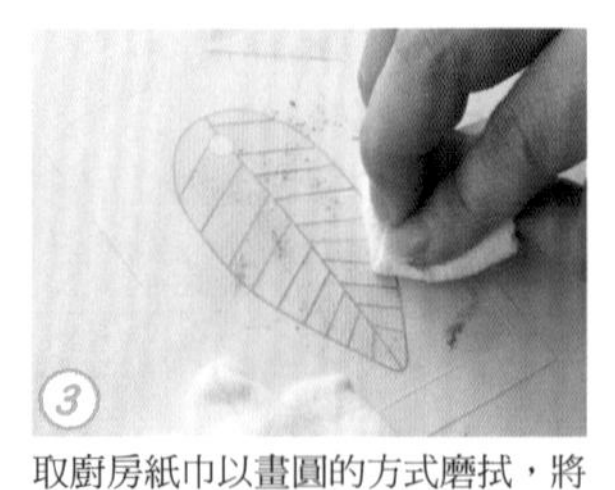

③ 取廚房紙巾以畫圓的方式磨拭，將粉彩條的色粉擦拭進去。

④ 使用剪刀以保留輪廓線的方式來裁剪，並以打洞機打洞（參照P.8）。以相同作法製作3片。

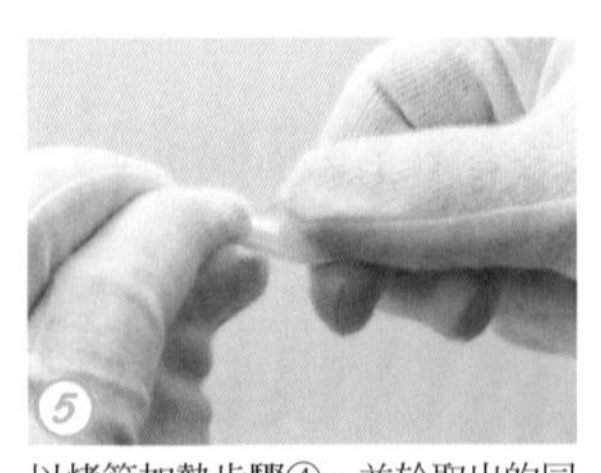

⑤ 以烤箱加熱步驟④，並於取出的同時，施力扭轉摺彎（參照P.9）。

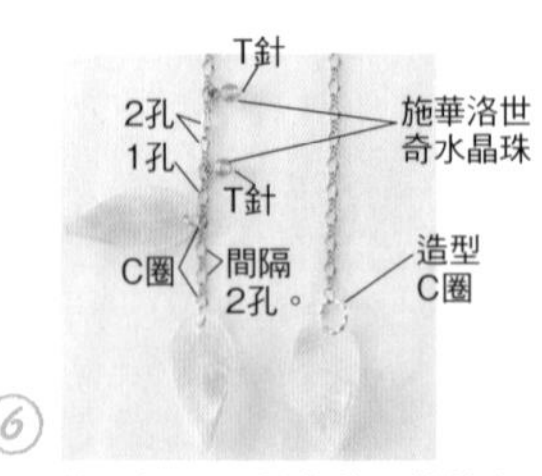

⑥ 如圖所示在73cm的鍊條兩端接上飾品配件。

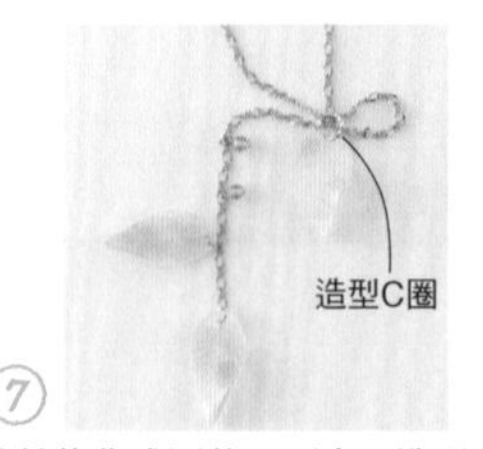

⑦ 將鍊條作成圈狀，再穿入造型C圈之中。

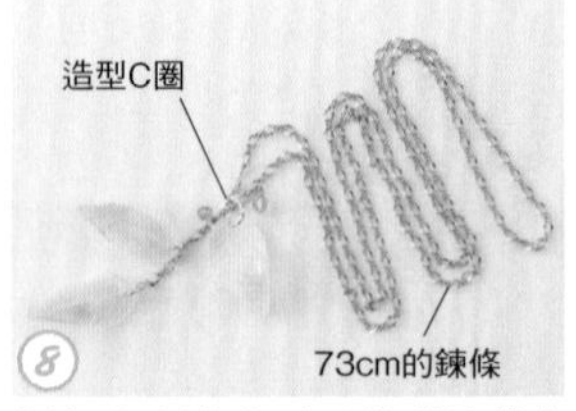

⑧ 將造型C圈移動至2顆施華洛世奇水晶珠中間。

 飾品配件協力／貴和製作所

原寸成品

緬梔花項鍊

磨砂處理過的透明熱縮片
僅在花蕊處塗上黃色的色彩。
熱縮片加熱後，趁溫熱之際，
快速摺彎塑型即為製作的祕訣。

材料
- 厚0.2mm透明熱縮片 8×8cm×3片
- 直徑6mm捷克珍珠（奶油色）…4顆
- C圈 0.8×5mm（霧面銀）…10個
- 9針 0.6×20mm（霧面銀）…4支
- 問號鉤 12×6mm（霧面銀）…1個
- 延長鍊 60mm（霧面銀）…1條
- 鍊條（費加羅鍊 喜平鏈：霧面銀）…15cm×2條

著色工具 油性馬克筆（黃色）

工具 砂紙、錐子、棉花棒、剪刀、打洞機、平口鉗、圓嘴鉗、斜口鉗、烤箱、手套

原寸紙型…P.33

作品34 Lesson

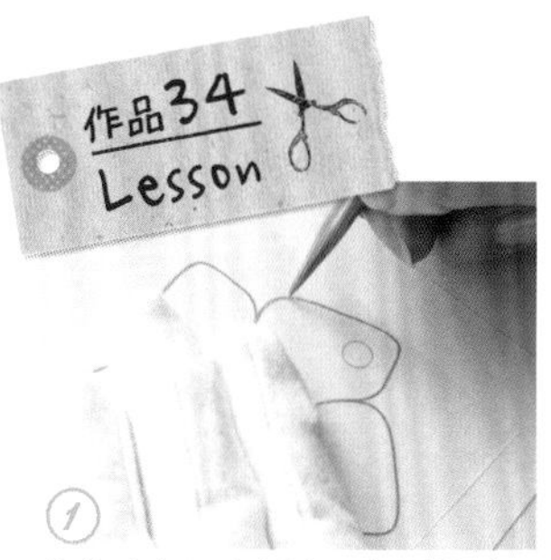

① 將磨砂處理（參照P.8）過的透明熱縮片疊放在紙型上，以錐子描劃輪廓。

② 線條描摹完成。並事先於打洞位置的中心，標示記號點。

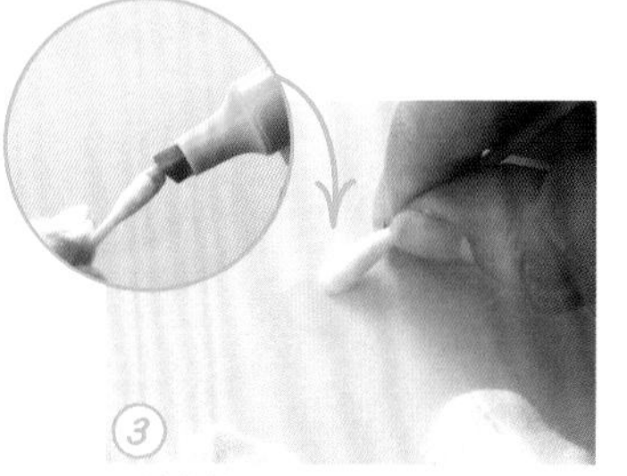

③ 以棉花棒沾取油性馬克筆的墨水，並以畫圓的方式上色。再以另一端的棉花棒將花蕊周圍暈染開來。

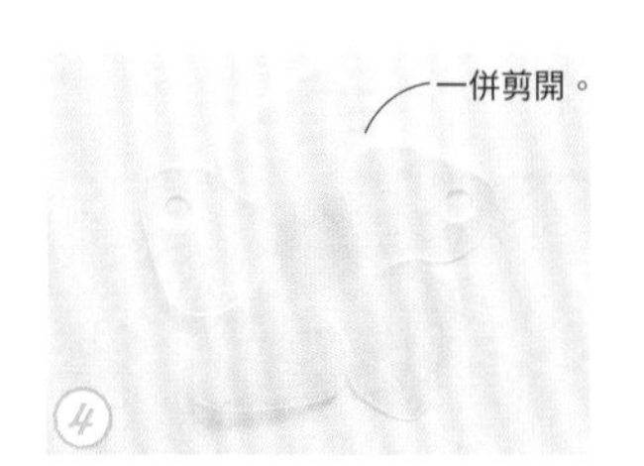

④ 以剪刀裁剪花形的輪廓，並以打洞機打洞（參照P.8）。以相同作法製作3片。

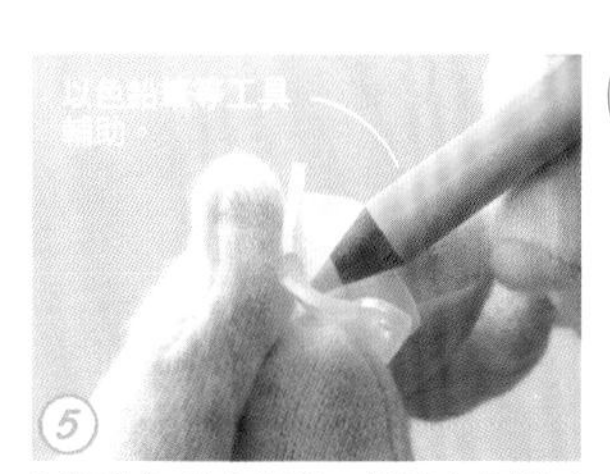

⑤ 以烤箱加熱步驟④，並於取出的同時，施力凹成窪狀（參照P.9）。

⑥ 快速地將花瓣前端往外側摺彎＆整形修飾。

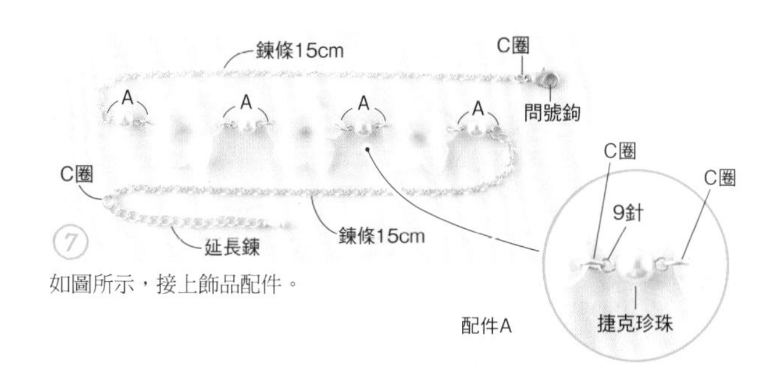

⑦ 如圖所示，接上飾品配件。

梅花耳環

小小的梅花
背對著背相依併合，
鍊條的前端，
花瓣正輕輕地飄逸……

35

材料（※1組）
- 厚0.2mm透明熱縮片 6×6cm×4片、3×4cm×2片
- 直徑4mm玻璃珠（32切面・圓形珠：淺橘色）…4顆
- 小圓珠（金色）…2顆
- C圈 0.7×4mm（金色）…2個
- T針 0.6×15mm（金色）…4支
- 耳環五金（附鍊條20mm耳鉤：金色）…1組

著色工具 粉彩條（黃色・粉紅色）

工具 砂紙、錐子、廚房紙巾、剪刀、美工刀、打洞機、平口鉗、圓嘴鉗、斜口鉗、烤箱、手套

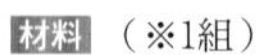
原寸紙型…P.33

作品35 Lesson

① 將磨砂處理（參照P.8）過的透明熱縮片疊放在紙型上，以錐子描劃輪廓。

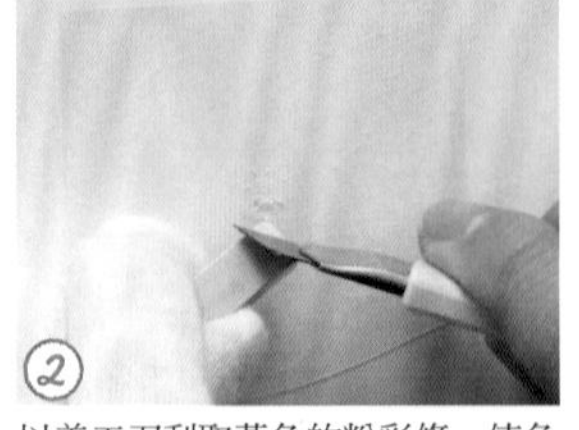
② 以美工刀刮取黃色的粉彩條，使色粉落在花蕊上。

③ 取廚房紙巾，一邊以畫圓的方式推抹暈開，一邊將色粉擦拭進去。

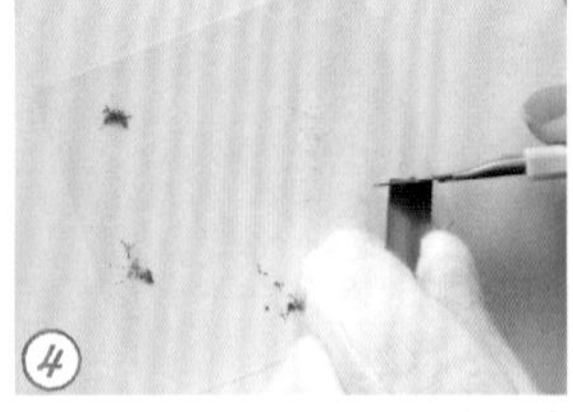
④ 以美工刀刮取粉紅色的粉彩條，使色粉落在花瓣前端。

⑤ 同步驟③作法，於花瓣上將粉彩推抹暈開，並在靠近黃色花蕊的邊界處預先留白。

⑥ 以剪刀沿著輪廓線內側裁剪，再以美工刀開洞（參照P.8）。

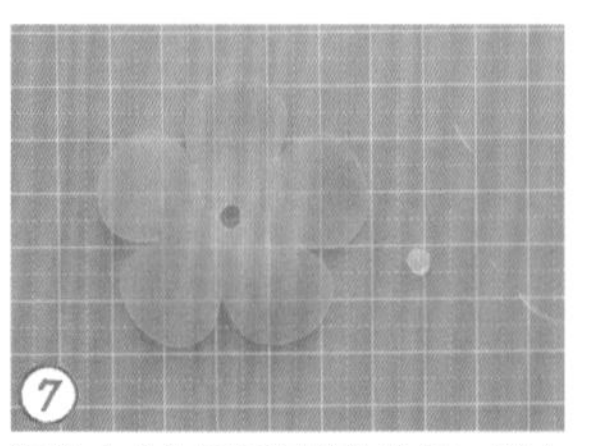
⑦ 洞的大小約與打洞機的孔洞一樣大即可。

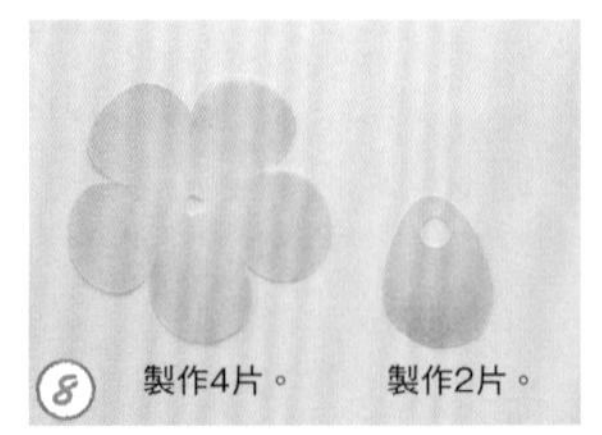

⑧ 花瓣也以相同方式著色後裁剪，並以打洞機打洞。

 飾品配件協力／藤久株式會社

原寸紙型

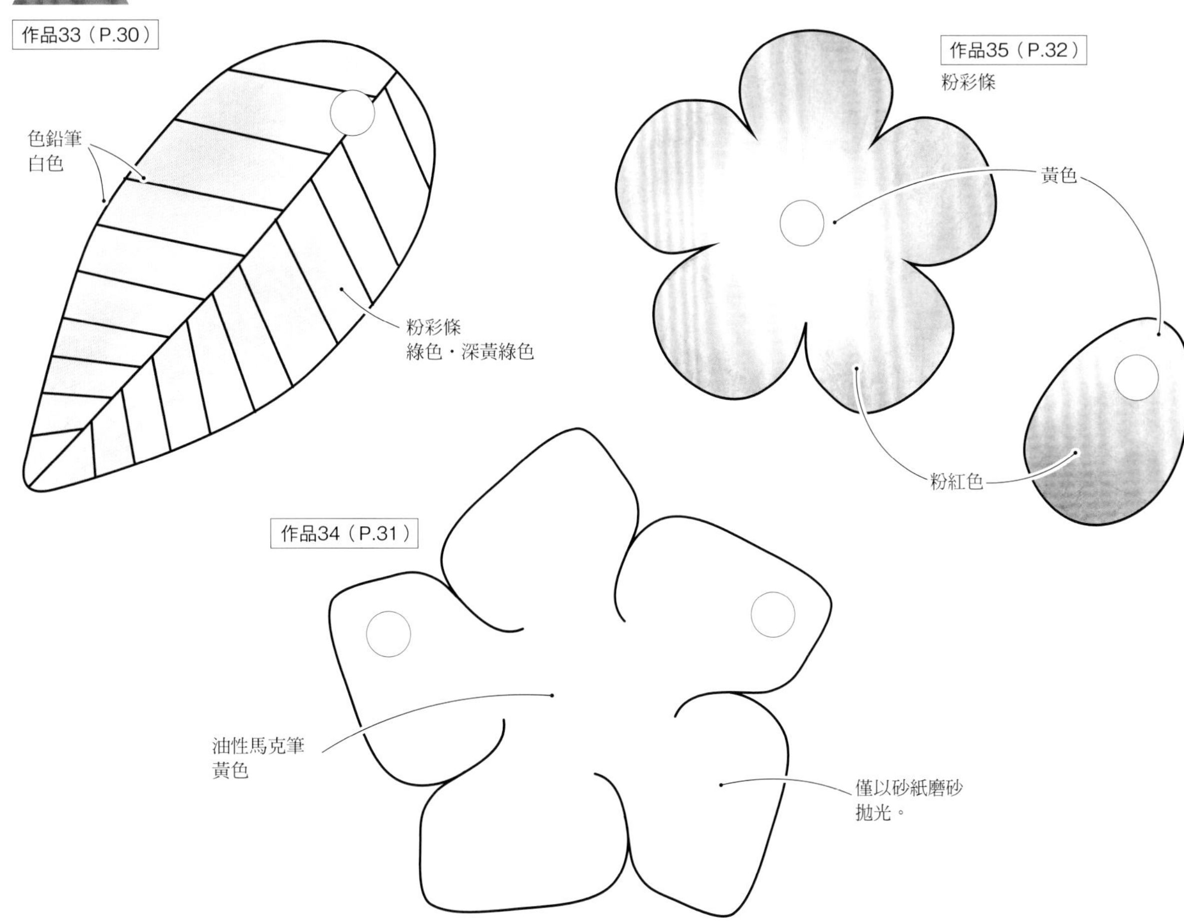

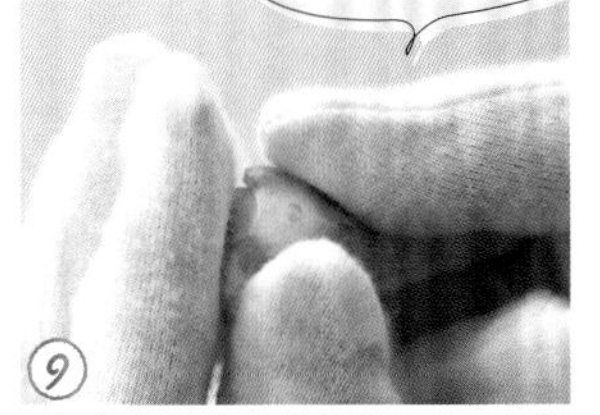

⑨ 以烤箱加熱步驟⑧的花，並以著色面為內側，托放在食指的指腹上，施力將其塑彎（參照P.9）。

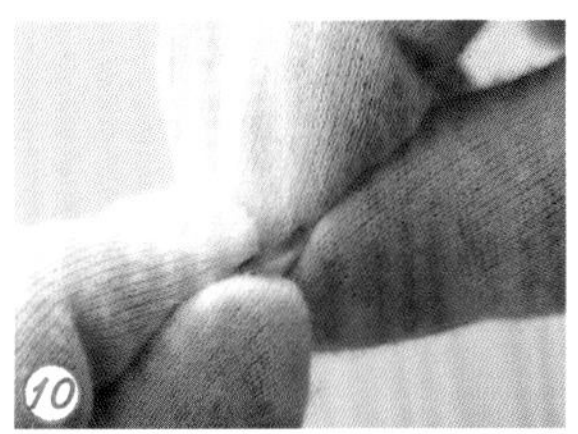

⑩ 花瓣作法同步驟⑨，以烤箱加熱&微微塑彎即可。

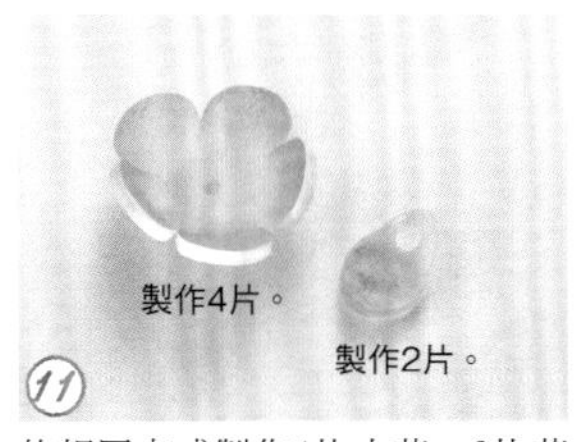

⑪ 依相同方式製作4片小花、2片花瓣。

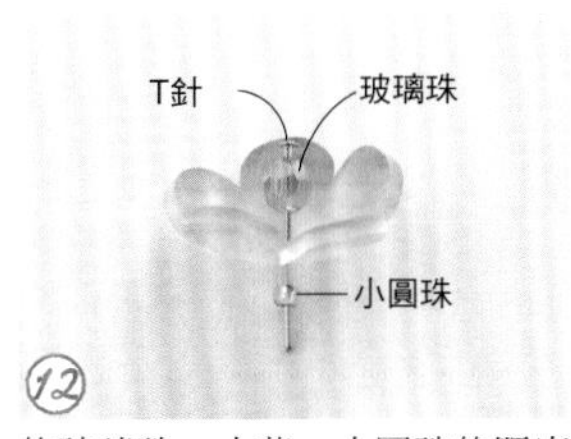

⑫ 依玻璃珠・小花・小圓珠的順序穿入T針中，再將T針前端摺彎繞圓。

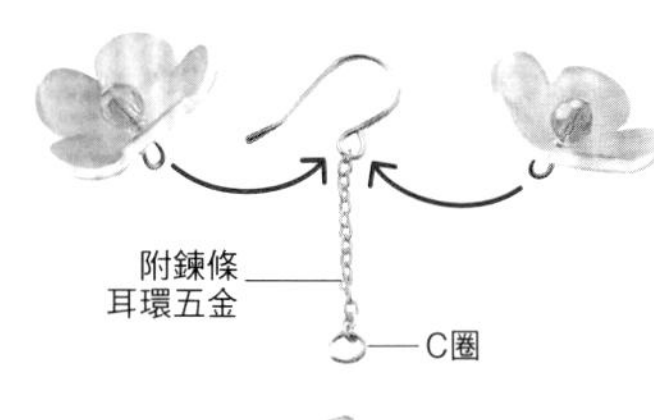

⑬ 將耳環五金尾端的環圈打開，並依小花・鍊條・小花的順序穿入之後，關閉環圈。將C圈接於花瓣配件上，再接於鍊條的前端即可完成。

原寸成品
（側視）

花瓣耳環＆髮圈

暈開粉紅色＆橘色的粉彩後，
輕柔飄逸的曲線就像是真的一樣……

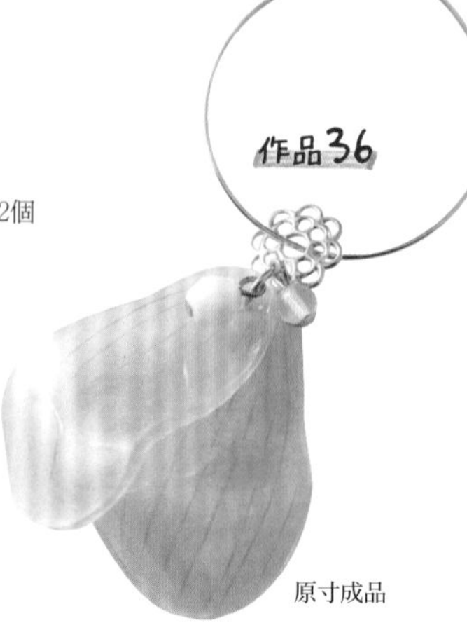

原寸成品

材料（※1組）

【作品36】
- 厚0.2mm透明熱縮片 10×7cm×4片
- A：直徑5mm捷克珠（白色）…2顆
- C：直徑4mm捷克珠（圓形珠：黃綠色）…2顆
- C圈（金色）b：0.8×6mm…2個
- T針 0.6×15mm（金色）…4支
- 直徑10mm鏤空配件（金色：八瓣花）…2個
- 耳環五金（30mm圈式耳環：金色）…1組

【作品37】
- 厚0.2mm透明熱縮片 10×7cm×3片
- A・D：直徑5mm捷克珠（白色）…2顆
- B：直徑3mm捷克珠（白色）…1顆
- C：直徑4mm捷克珠（圓形珠：黃綠色）…1顆
- C圈（金色）a：0.7×4mm…1個、b：0.8×6mm…2個
- T針 0.6×15mm（金色）…4支
- 直徑10mm鏤空配件（金色：八瓣花）…1個
- 髮圈…1個

著色工具 色鉛筆（粉紅色）、粉彩條（粉紅色・橘色）

工具 砂紙、廚房紙巾、剪刀、美工刀、打洞機、平口鉗、圓嘴鉗、斜口鉗、烤箱、手套

原寸紙型…P.37

作品36・37 Lesson

將磨砂處理（參照P.8）過的透明熱縮片疊放在紙型上，以粉紅色的色鉛筆描繪輪廓＆花瓣的脈紋。

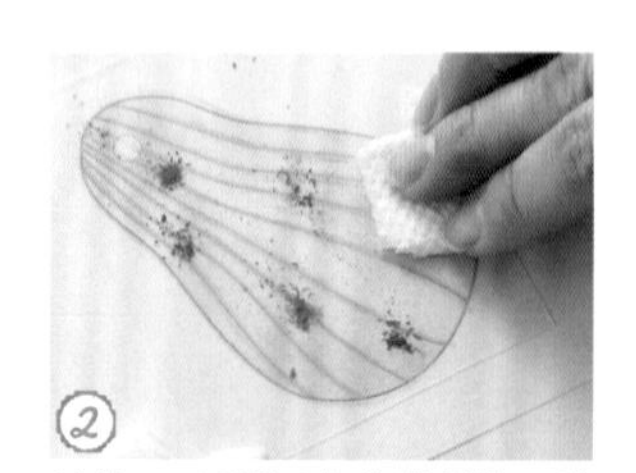

以美工刀刮取2色的粉彩條，使色粉隨意地落在熱縮片上，並取廚房紙巾以畫圓的方式，將色粉擦拭進去。

Point! 因加熱後顏色會變深，淺色著色即可！

使用剪刀以保留輪廓線的方式來裁剪，並以打洞機打洞（參照P.8）。依相同方式製作4片作品36，及3片作品37。

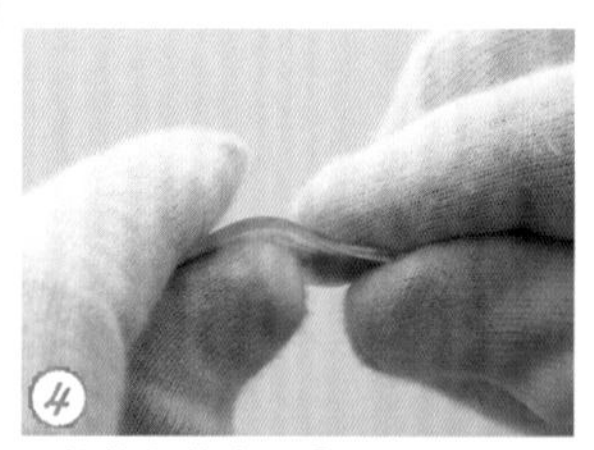

以烤箱加熱步驟③，並於取出之後，立刻以指腹緩緩施力將其塑彎（參照P.9）。

作品36 將2片花瓣＆附有T針的串珠A・C串在C圈b上，並接在鏤空配件上，再穿於耳環五金中。

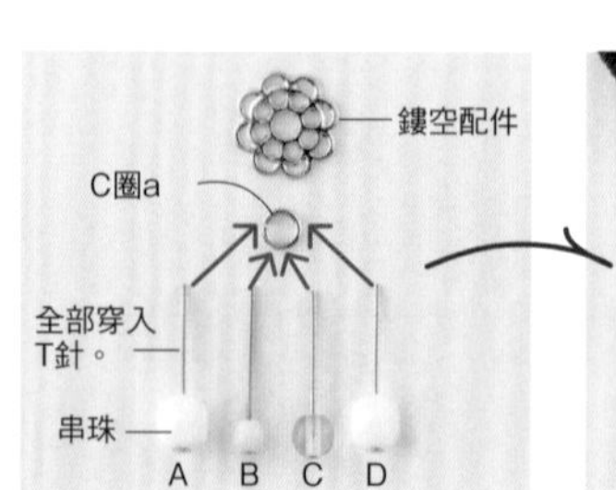

作品37 將附有T針的串珠A・B・C・D串在C圈a上，並接在鏤空配件上，製作成飾品。

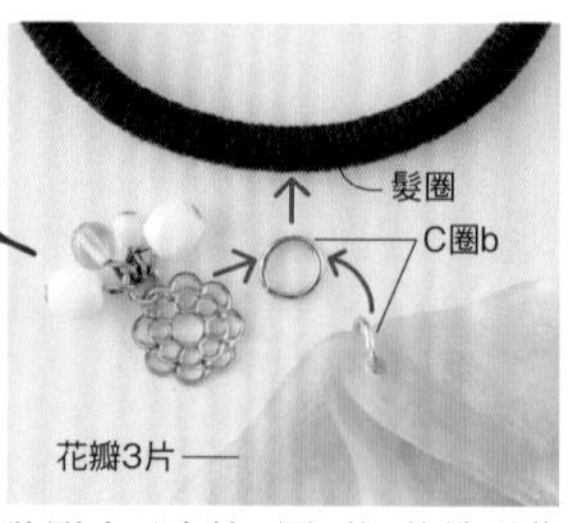

將剛才已串於C圈b的3片造型花瓣＆飾品配件，以另一個C圈b接在髮圈上。

飾品配件協力（髮圈除外）／貴和製作所

作品38 Lesson

① 將磨砂處理（參照P.8）過的透明熱縮片疊放在紙型上，以錐子描劃輪廓。

② 以美工刀刮取2色的粉彩條，使色粉落在熱縮片上。

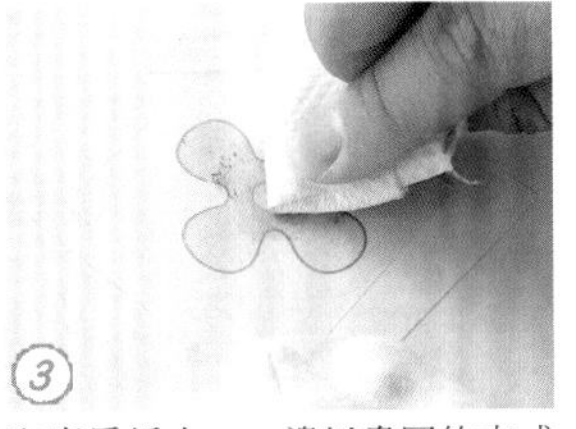

③ 取廚房紙巾，一邊以畫圓的方式混色，一邊將色粉擦拭進去。

④ 製作3片。
以剪刀沿著輪廓線內側裁剪，再以打洞機打洞（參照P.8）。

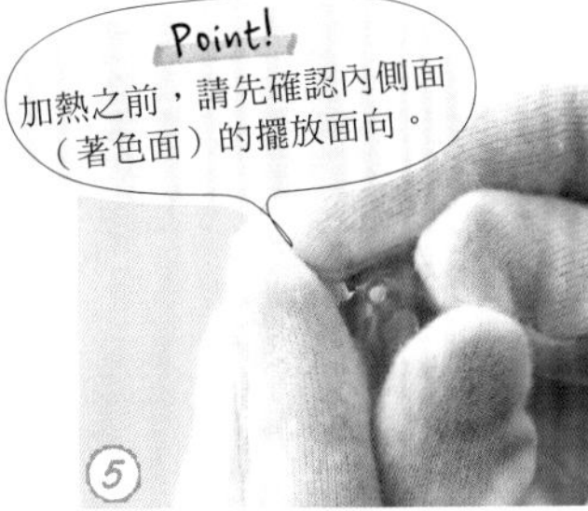

⑤ 以烤箱加熱步驟④，並以著色面為內側，施力將花瓣塑彎（參照P.9）。

⑥ 以相同作法製作3朵。

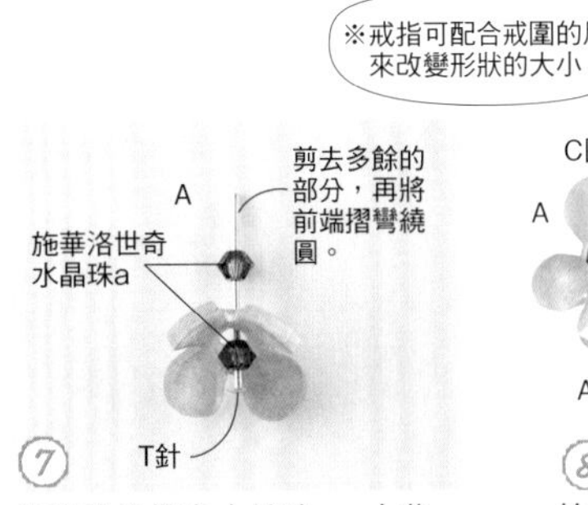

⑦ 依施華洛世奇水晶珠a・小花・施華洛世奇水晶珠a的順序穿入T針中，再將前端摺彎繞圓。

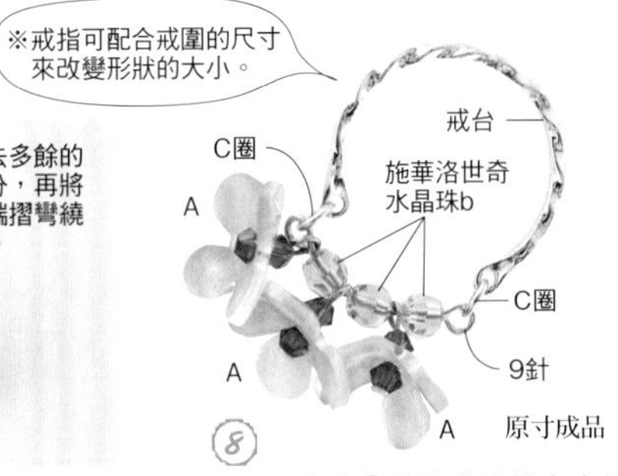

⑧ 輪流將步驟⑦與施華洛世奇水晶珠b穿入T針，再將前端摺彎繞圓，並以C圈接於戒台上。

紫丁香戒指

每動一下手指，
小花就會隨之搖曳生姿的可愛戒指。

材料
- 厚0.2mm透明熱縮片 4×4cm×3片
- a：直徑3mm施華洛世奇水晶珠＃5328（深紫色）…6顆
- b：直徑4mm施華洛世奇水晶珠＃5328（淺紫色）…3顆
- C圈 0.7×4mm（金色）…2個
- 9針 0.7×40mm（金色）…1支
- T針 0.6×15mm（金色）…3支
- 內徑18mm半戒台（金色）…1只

著色工具 粉彩條（藍紫色・粉紅色）

工具 砂紙、錐子、廚房紙巾、剪刀、美工刀、打洞機、平口鉗、圓嘴鉗、斜口鉗、烤箱、手套

原寸紙型…P.37

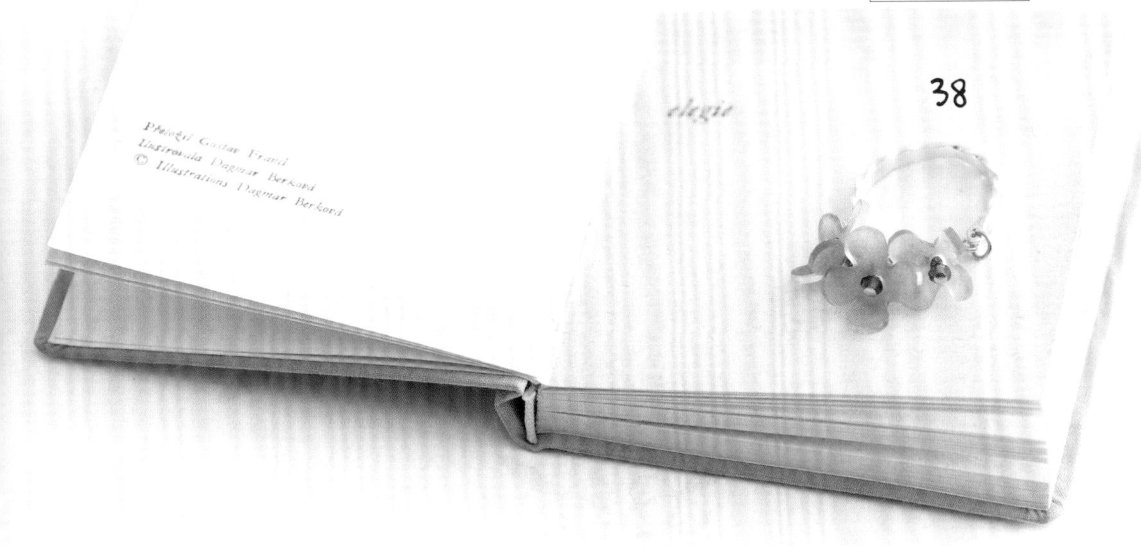

黄花曼陀羅
耳環

以酒精將油性馬克筆暈染開來進行上色。
加熱後將尾端徹底圍合，
同時也使花瓣的前端展開綻放。

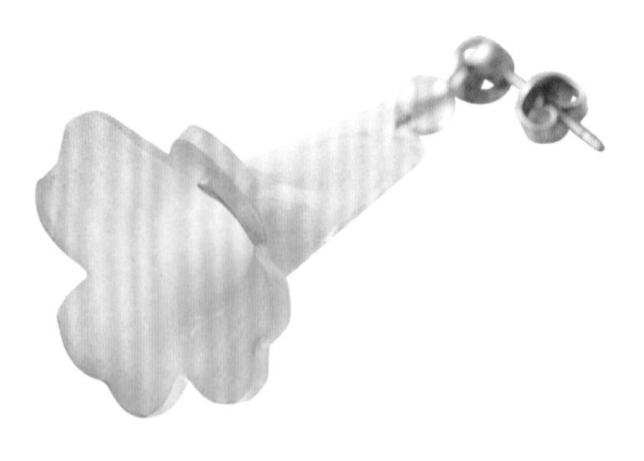

39

材料（※1組）
- 厚0.2mm透明熱縮片 10×10cm×2片
- 直徑4mm捷克珠（圓形珠：透明）…2顆
- 小圓珠（金色）…2顆
- C圈 0.8×5mm（霧面金）…2個
- T針 0.7×30mm（霧面金）…2支
- 耳針五金（附後束之耳針：霧面金）…1組

著色工具 油性馬克筆（橘色）、酒精

工具 砂紙、錐子、廚房紙巾、剪刀、平口鉗、圓嘴鉗、斜口鉗、烤箱、手套

原寸紙型…P.37

作品39 Lesson

① 將磨砂處理（參照P.8）過的透明熱縮片疊放在紙型上，以錐子描劃輪廓。

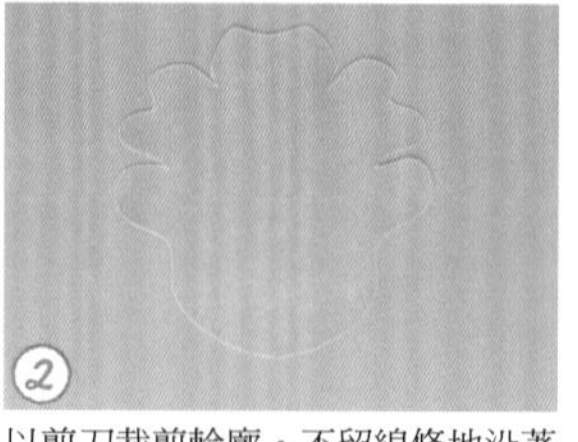

② 以剪刀裁剪輪廓。不留線條地沿著內側裁剪，完成漂亮的圖形。

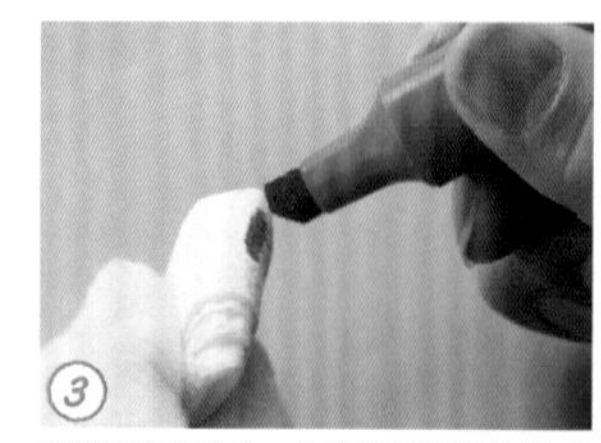

③ 摺疊廚房紙巾，以便沾取油性馬克筆的墨水。

 飾品配件協力／貴和製作所

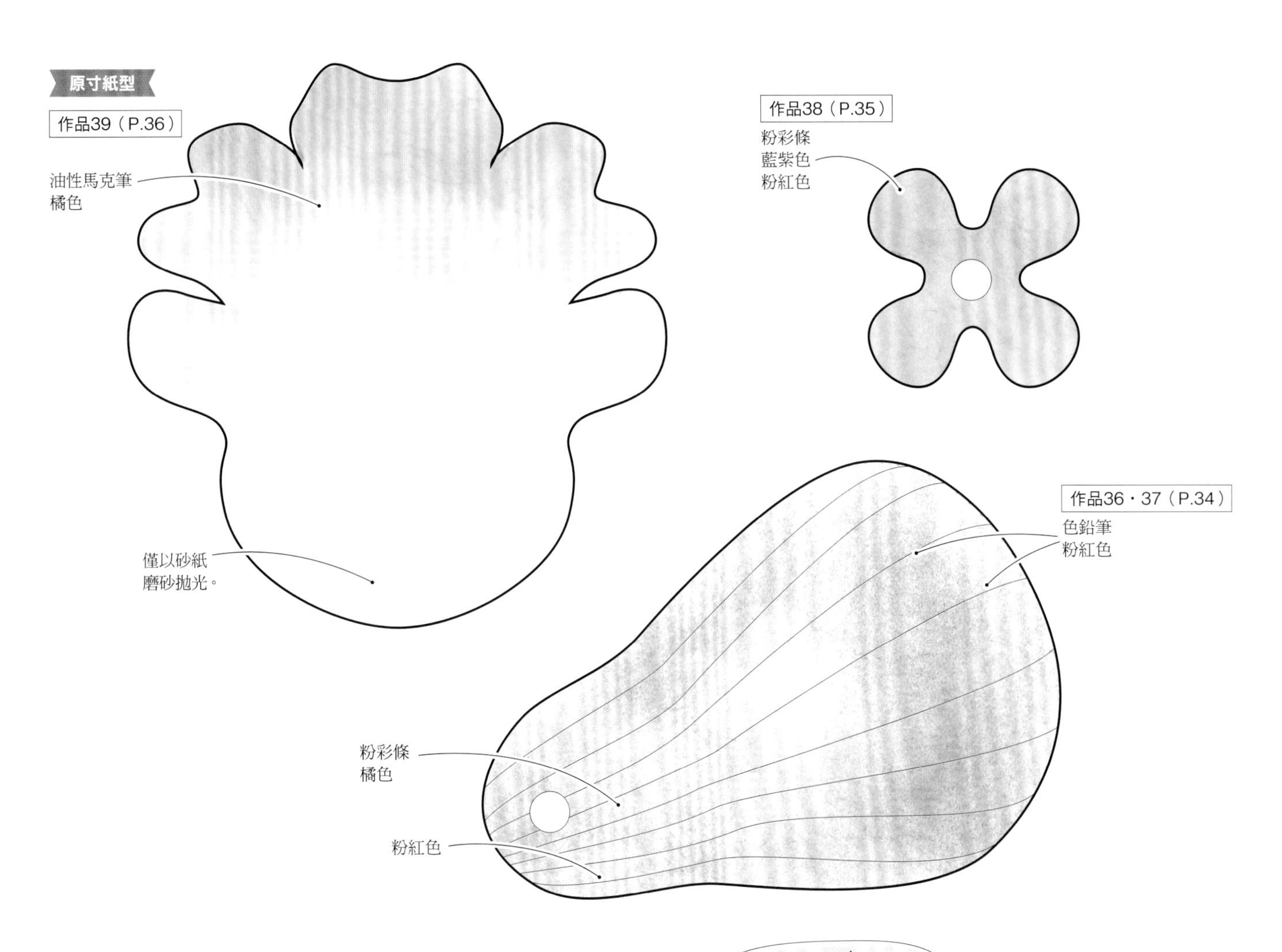

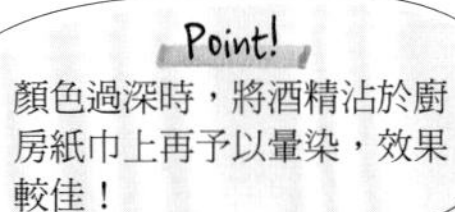

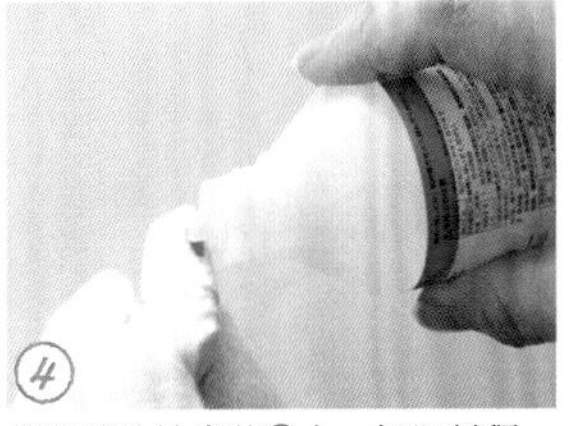

將酒精沾於步驟③上，加以稀釋。

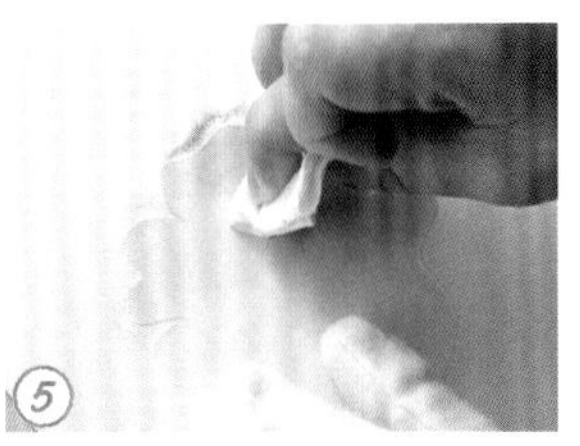

使色澤宛如由花瓣前端開始往尾端漸漸變淡一般，一邊以畫圓的方式暈染，一邊上色。

上色完成。因加熱後顏色會變深，淺色上色即可。

以烤箱加熱步驟⑥，並以著色面為內側，捲圓＆將花瓣前端展開如綻放狀（參照P.9）。

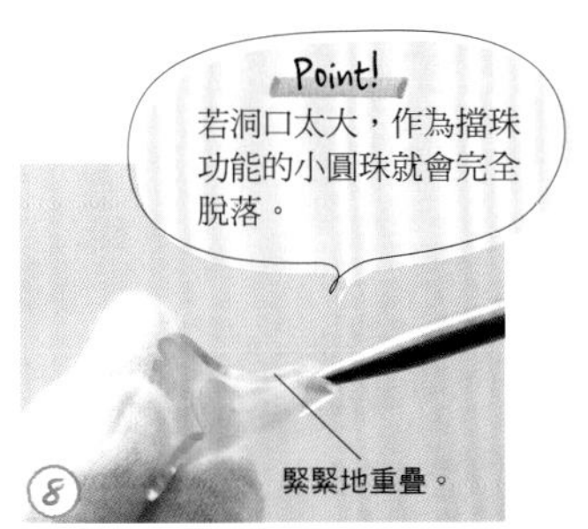

自花的尾端插入穿孔器等物體，保留一個T針可以穿入的洞。使兩端稍微重疊＆確實固定。

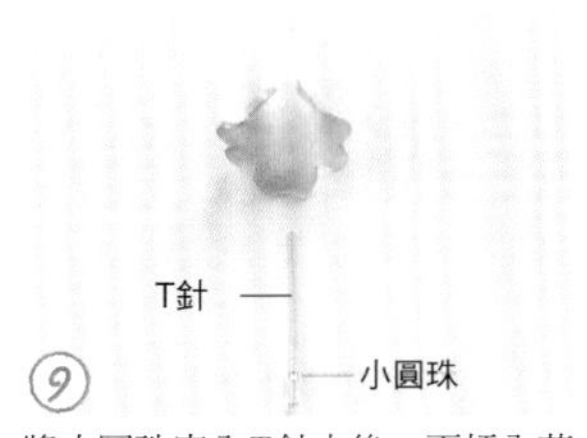

將小圓珠穿入T針之後，再插入花朵之中。若洞口太大導致脫落時，可改以略大的串珠代替。

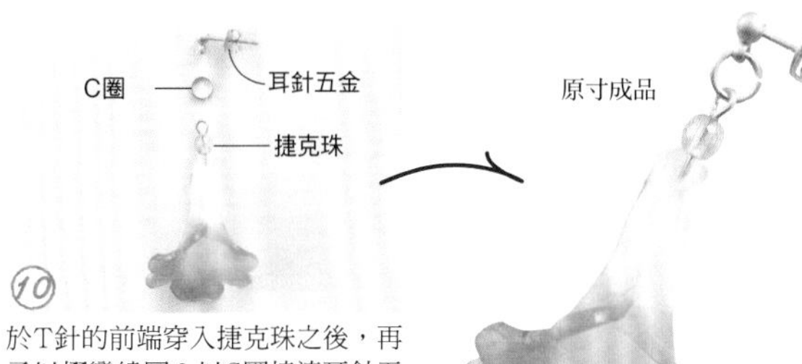

於T針的前端穿入捷克珠之後，再予以摺彎繞圓＆以C圈接連耳針五金，完成！

作品40 Lesson

① 將透明熱縮片疊放在紙型上，以錐子描劃輪廓。

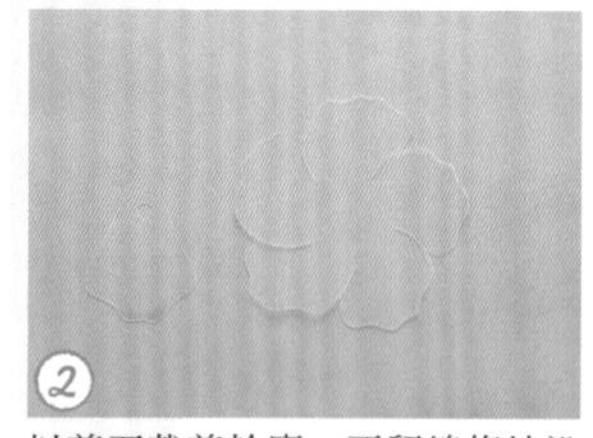

② 以剪刀裁剪輪廓。不留線條地沿著內側裁剪，完成漂亮的圖形。

Point! 由中心往外進行磨砂抛光。

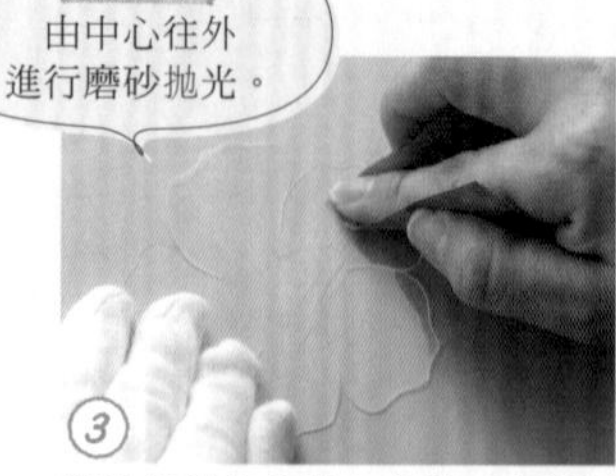

③ 將砂紙纏在食指上拿著，自花瓣的中央磨出條紋。

④ 依相同方式製作1片花朵＆2片花瓣，並以打洞機打洞（參照P.8）。

附墜飾的紫花髮夾

僅於花瓣中間進行磨砂抛光，
並以油性馬克筆作出漸層暈染。
無論穿搭浴衣或洋裝，
皆能散發端莊嫻淑的氣質美。

材料

- 厚0.3mm透明熱縮片 10×10cm×1片、6×5cm×2片
- C圈（金色）a：0.7×4mm…2個、b：0.8×5mm…3個
- 鏤空配件 直徑20mm（金色）…1個
- 直徑10mm圓形底托髮夾 長60mm（金色）…1支

著色工具 油性馬克筆（黑色・紫色）、不透明馬克筆（金色・極細字）

工具 砂紙、錐子、廚房紙巾、剪刀、平口鉗、烤箱、手套、接著劑

原寸紙型…P.39

 飾品配件協力／貴和製作所

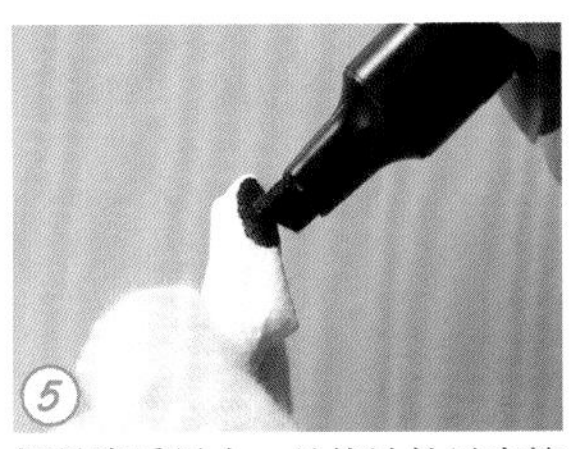

⑤ 摺疊廚房紙巾，並使油性馬克筆的黑色墨水滲入其中。

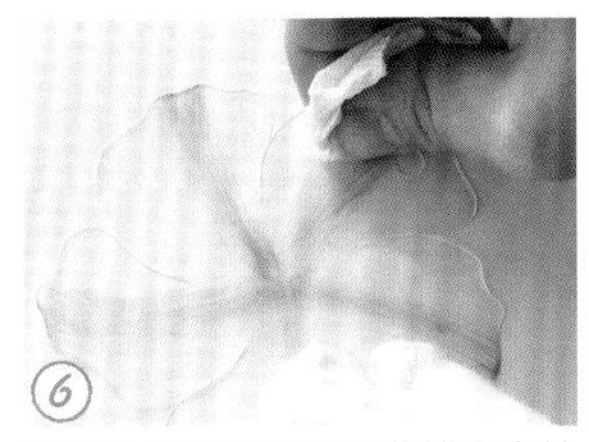

⑥ 沿著已磨砂處理過的花瓣中央紋路，將步驟⑤擦拭進去。

Point!
顏色過深時，建議將酒精沾於新的廚房紙巾上再予以暈染，效果較佳！

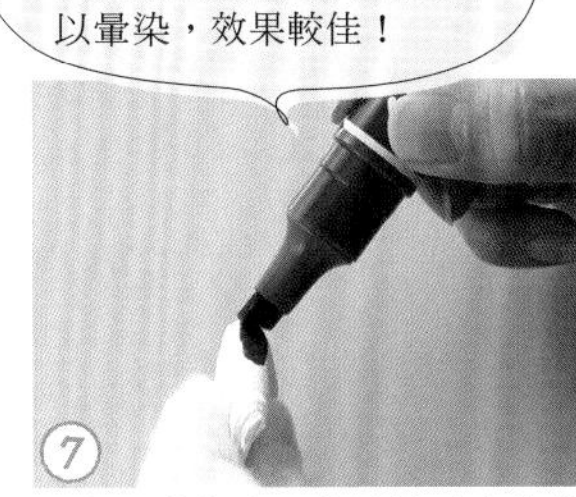

⑦ 同步驟⑤作法，將油性馬克筆的紫色墨水滲入廚房紙巾內。

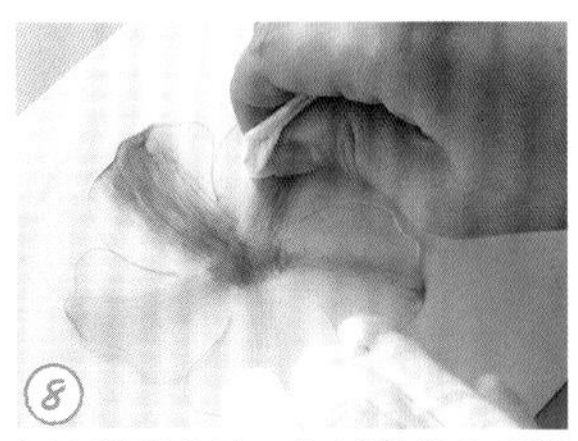

⑧ 同步驟⑥作法，如層疊般的重複上色。

⑨ 完成花朵的著色後，製作2片花瓣。

Point!
以著色面為外側（光滑面朝上）也極為漂亮喔！

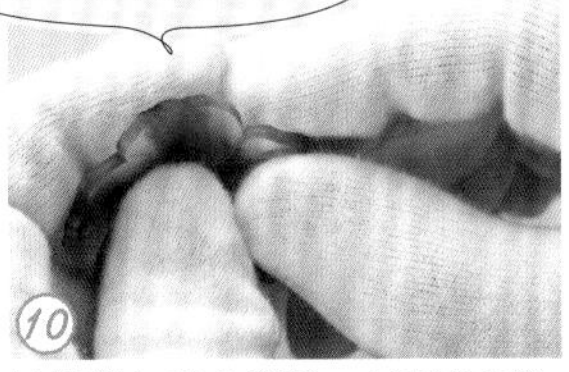

⑩ 以烤箱加熱步驟⑨，以著色面為內側，施力將花瓣前端塑彎（參照P.9）。

⑪ 以金色的不透明馬克筆，於中心處點繪出直徑約1cm的圓點。

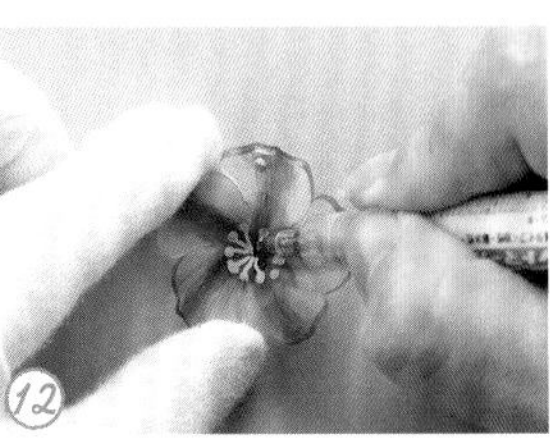

⑫ 自步驟⑪中繪製的各個點開始，往中心處畫線。

⑬ 完成飾花配件。2片花瓣作法亦同步驟⑩，以烤箱加熱之後微微塑彎即可。

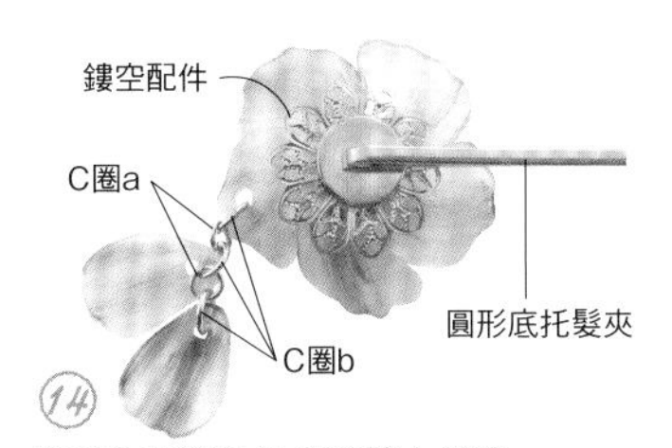

⑭ 將花＆花瓣先各自連接上C圈b，再以C圈a串連起來。並以接著劑將鏤空配件＆圓形底托髮夾黏接於花的背面。

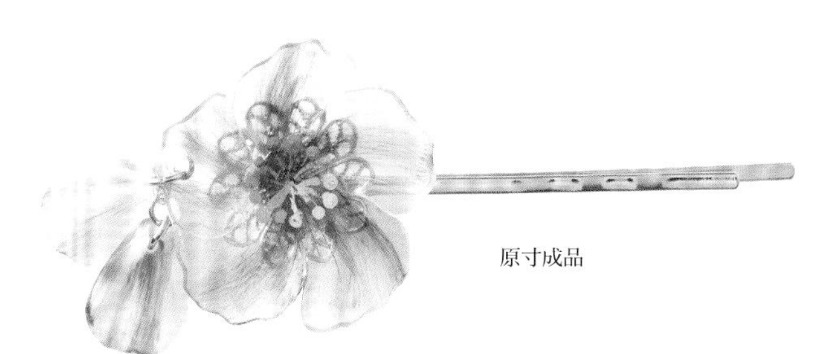

原寸成品

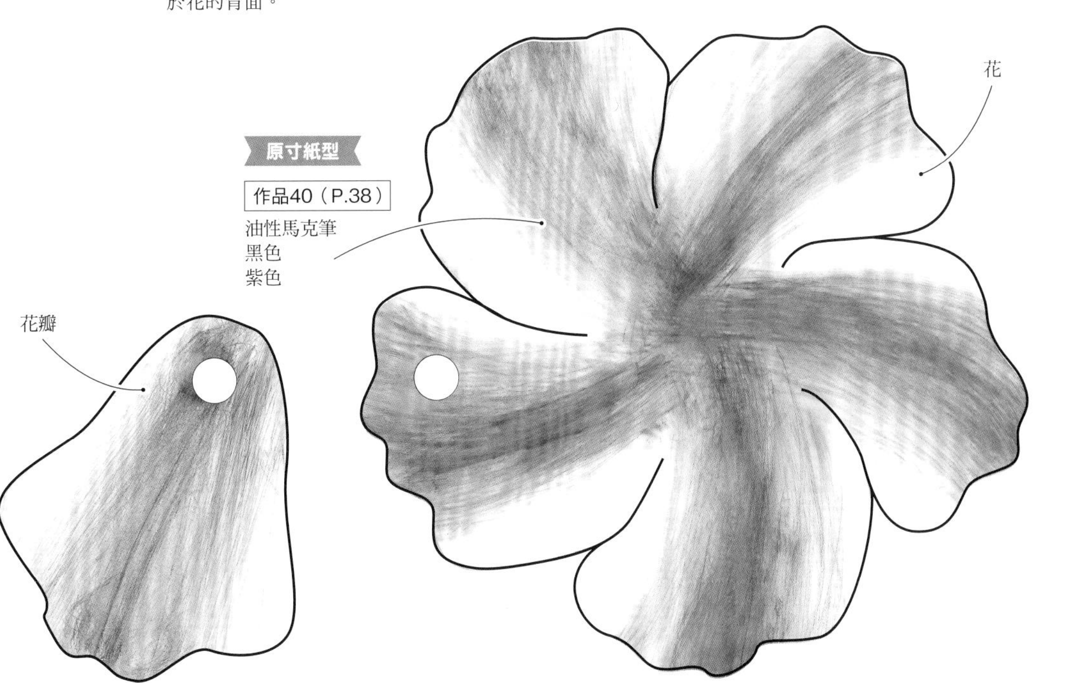

銀蓮花耳環

在已磨砂處理過的熱縮片上，以色鉛筆著色。
因為是以花的尾端為中心＆自四面結為一體，
所以不論從哪個角度來看都很可愛♪

原寸成品

41

材料（※1組）
- 厚0.2mm透明熱縮片 5×5cm×8片
- 直徑4mm捷克珠（圓形珠）…黑色4顆 黃綠色2顆・紫色2顆
- 直徑3mm捷克珍珠（奶油色）…8顆
- 直徑6mm捷克珍珠（奶油色）…4顆
- 直徑8mm棉花珍珠（圓珠）…2顆
- C圈 0.7×4mm（金色）…4個
- 9針 0.6×30mm（金色）…2支
- T針 0.6×15mm（金色）…10支
- 耳環五金（20mm耳鉤：金色）…1組

著色工具 色鉛筆（黃綠色・紅色・紅紫色・紫色）

工具 砂紙、錐子、剪刀、打洞機、平口鉗、圓嘴鉗、斜口鉗、烤箱、手套

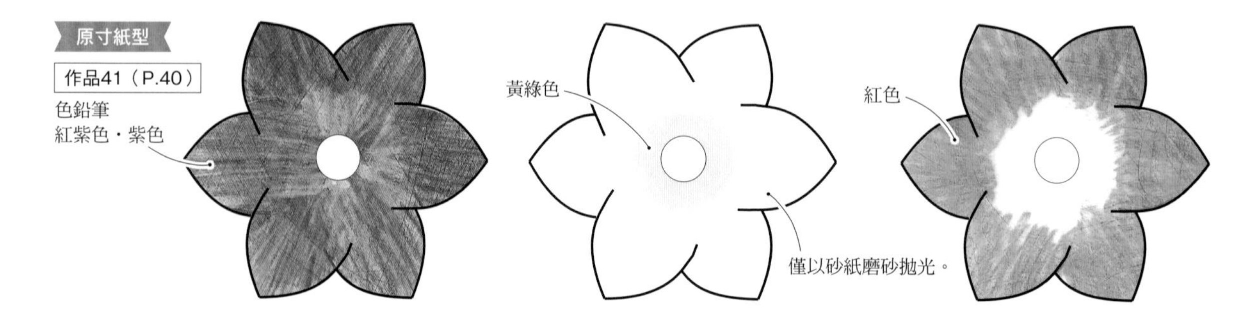

 飾品配件協力／貴和製作所

作品41 Lesson

＼隨著角度不同，所見之處也不一樣！／

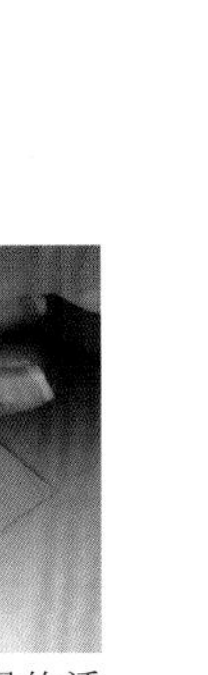

① 將磨砂處理（參照P.8）過的透明熱縮片疊放在紙型上，以錐子描劃輪廓（全部的花皆通用）。

Point! 刻意殘留些許線條地上色。

② 以紅色的色鉛筆依花朵的脈紋方向著色。

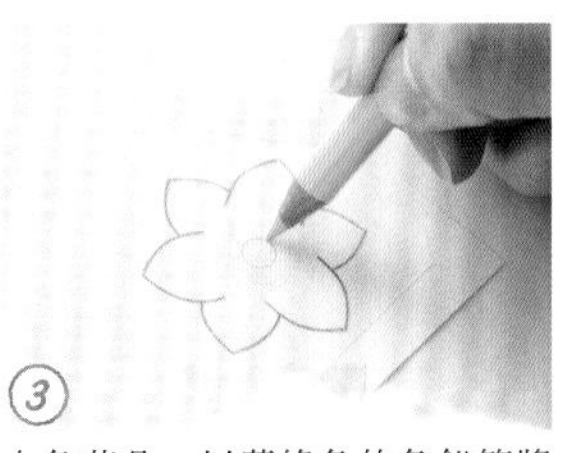

③ 白色花朵，以黃綠色的色鉛筆將中心處柔和地暈染上色。

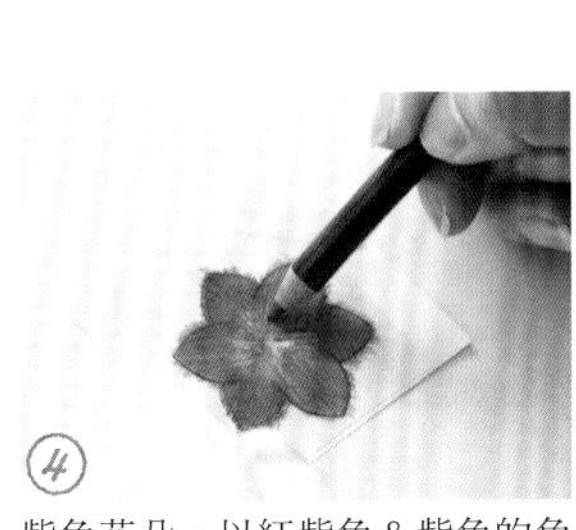

④ 紫色花朵，以紅紫色＆紫色的色鉛筆，以步驟②相同作法上色至中心處。

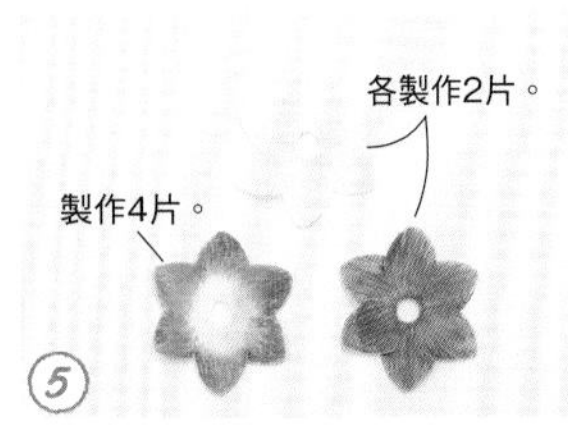

⑤ 以剪刀沿著輪廓線內側裁剪，再以打洞機將中心打洞（參照P.8）。

Point! 加熱之前，先確認外側面（著色面）的擺放面向。

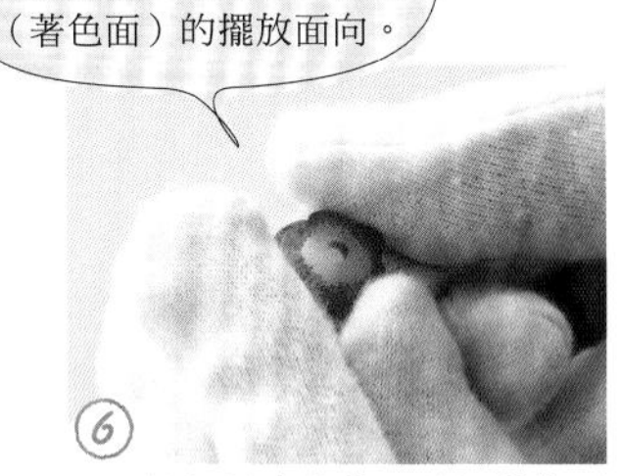

⑥ 以烤箱加熱步驟⑤，並以著色面為外側，托放在食指的指腹上，施力將其塑彎（參照P.9）。

Point! 只要以著色面為外側，內側就會呈現光滑亮澤感。

⑦ 依相同方式製作4朵紅花、2朵白花、2朵紫花。

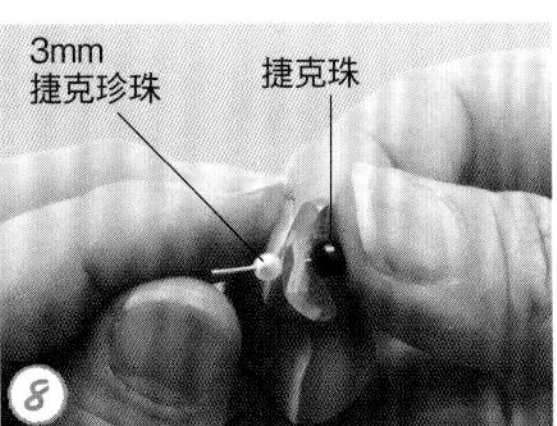

⑧ 於T針中穿入捷克珠，再穿入步驟⑦＆3mm捷克珍珠。

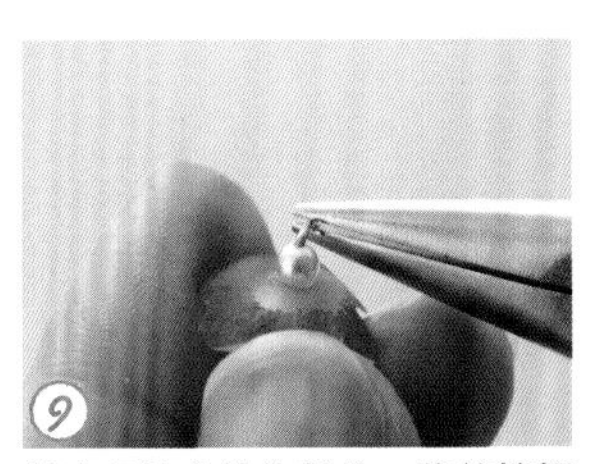

⑨ 剪去T針多餘的部分，將前端摺彎繞圓（參照P.9）。

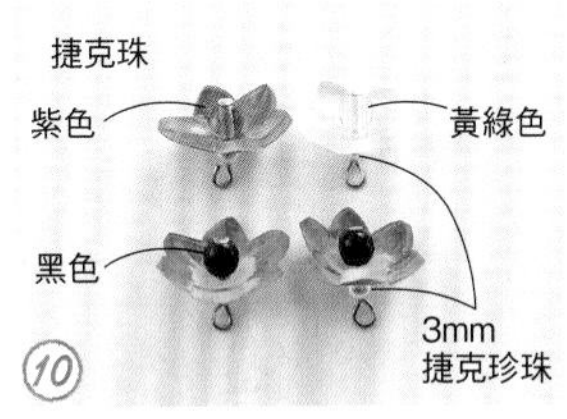

⑩ 完成單只耳環的小花配件。

Point! 紅花應避免同色相鄰，建議間隔穿入。

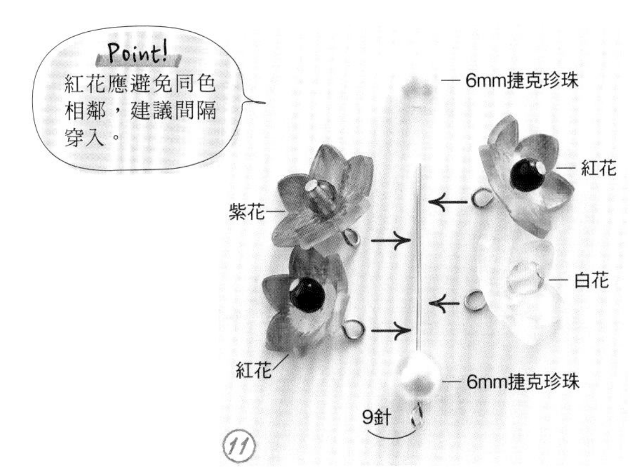

⑪ 依6mm捷克珍珠、4朵步驟⑩的小花、6mm捷克珍珠的順序穿入9針中。

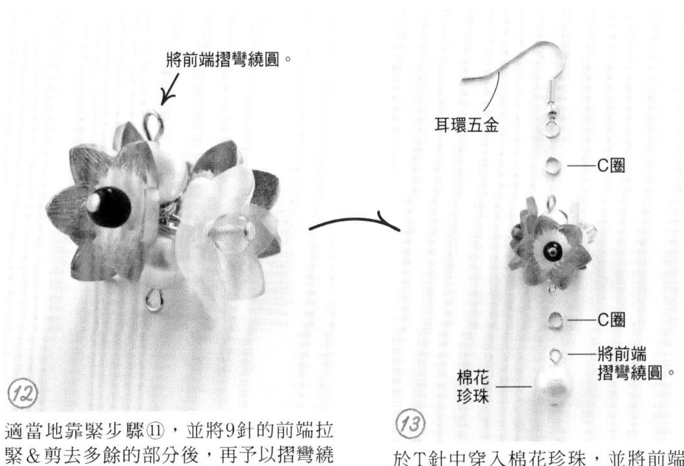

⑫ 適當地靠緊步驟⑪，並將9針的前端拉緊＆剪去多餘的部分後，再予以摺彎繞圓。

⑬ 於T針中穿入棉花珍珠，並將前端摺彎繞圓，最後再以C圈連接步驟⑫＆耳環五金。

蝴蝶耳機塞

輕盈優雅的蝴蝶。
輪廓鮮明艷麗的蝴蝶。
即便圖案相同，也會因上色方法的差異，
呈現出截然不同的印象唷！

① 將磨砂處理（參照P.8）過的透明熱縮片疊放在紙型上，以白色的色鉛筆描繪輪廓。

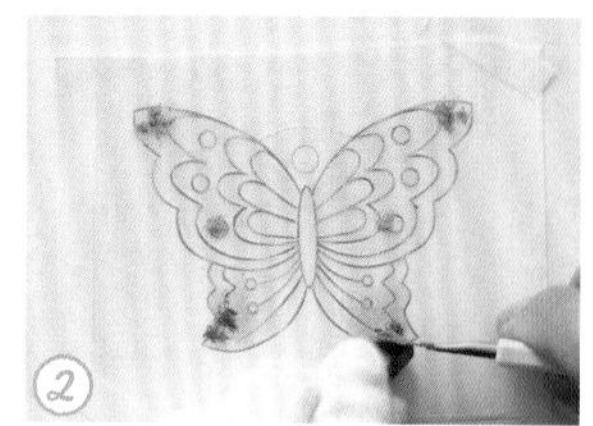

② 以美工刀刮取3色的粉彩條，使色粉落在翅膀前端。

材料（※1個）
- 厚0.3mm透明熱縮片 7×9cm
- C圈 0.8×5mm（金色）…1個
- 耳機塞 18mm（附問號鉤）…1個

著色工具 作品42／色鉛筆（白色）・粉彩條（藍綠色・水藍色・粉紅色）・裝飾筆、作品43／油性馬克筆（紫色・黃綠色・橘色）、作品44／油性馬克筆（紫色・水藍色・粉紅色）

工具 砂紙（僅作品42）、廚房紙巾、剪刀、美工刀、打洞機、平口鉗、烤箱、手套

原寸紙型…P.43

③ 取廚房紙巾，一邊以畫圓的方式推抹暈開，一邊將色粉擦拭進去。

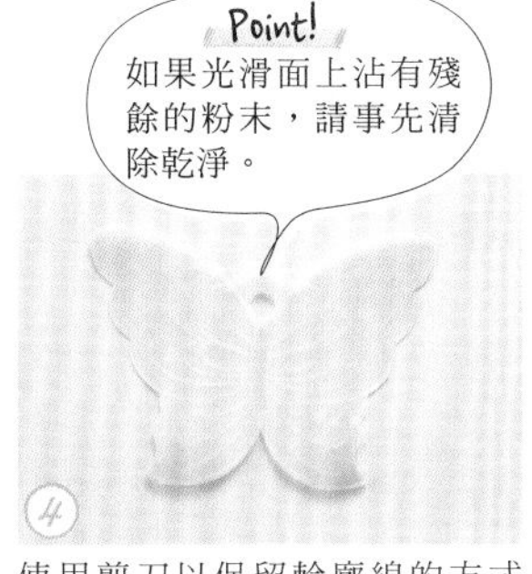

④ 使用剪刀以保留輪廓線的方式裁剪，並以打洞機打洞（參照P.8）。

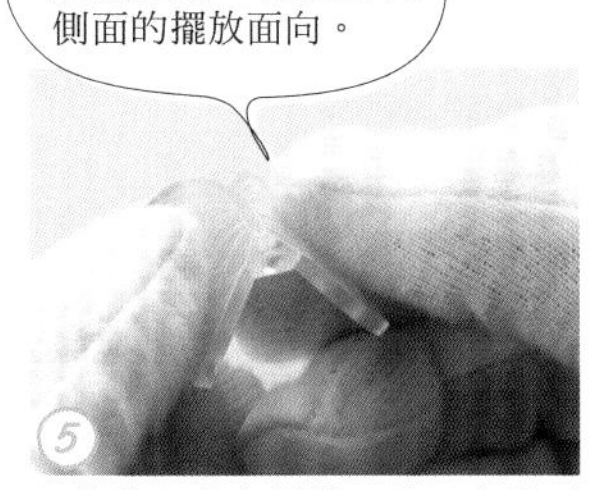

⑤ 以烤箱加熱步驟④，並以光滑面為內側（著色面為外側），摺成V字形（參照P.9）。

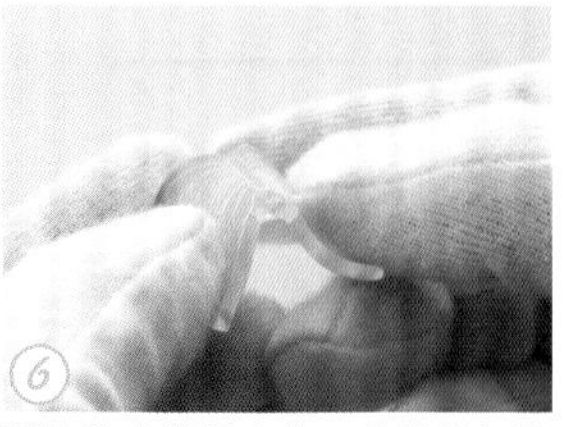
⑥ 緊接於步驟⑤之後，稍微將翅膀的前端摺彎。

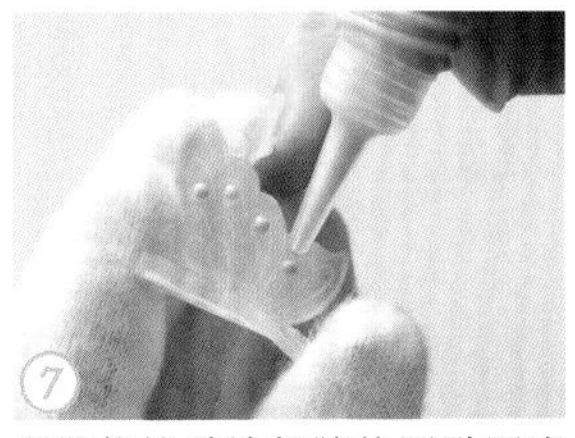
⑦ 以裝飾筆點塗翅膀的圓點圖案（需靜置數日直至乾燥）。

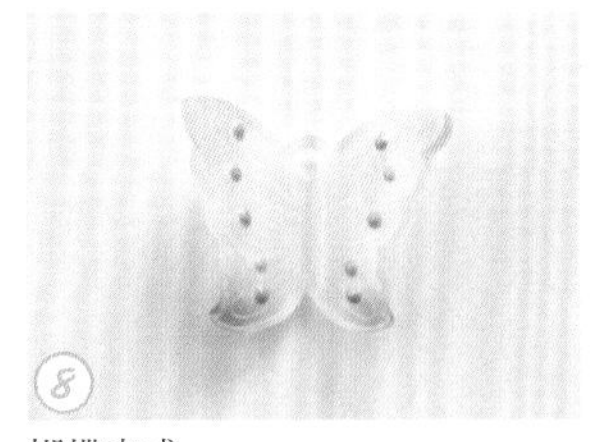
⑧ 蝴蝶完成。

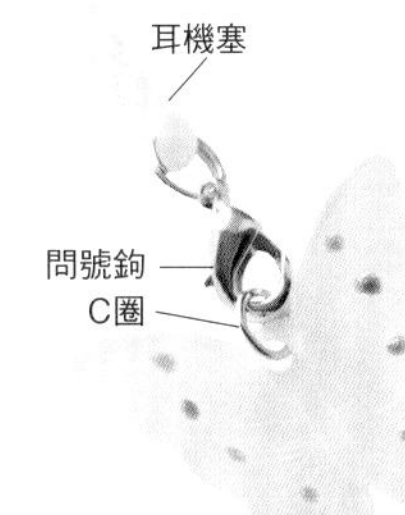

原寸成品

⑨ 接上C圈之後，再接上耳機塞。

作品43・44的作法

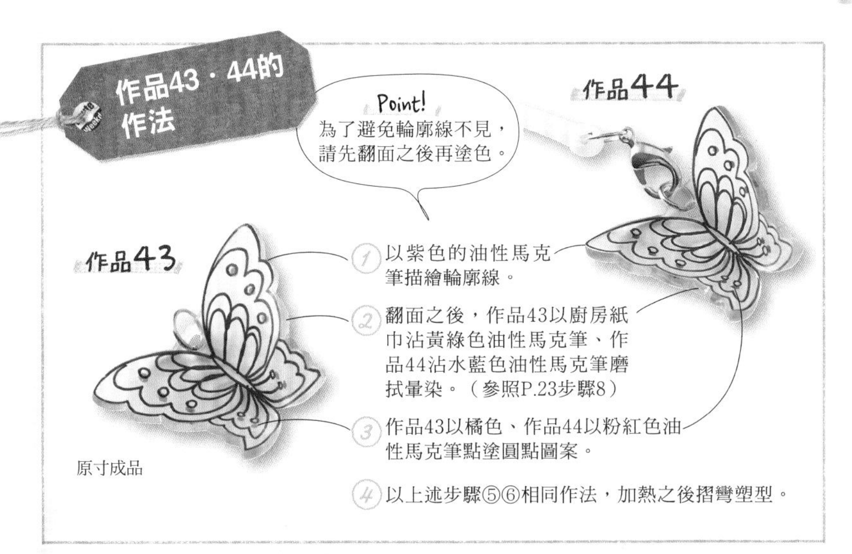

原寸成品

① 以紫色的油性馬克筆描繪輪廓線。
② 翻面之後，作品43以廚房紙巾沾黃綠色油性馬克筆、作品44沾水藍色油性馬克筆磨拭暈染。（參照P.23步驟8）
③ 作品43以橘色、作品44以粉紅色油性馬克筆點塗圓點圖案。
④ 以上述步驟⑤⑥相同作法，加熱之後摺彎塑型。

原寸紙型

作品42（P.42）

※作品43・44僅描繪線條。

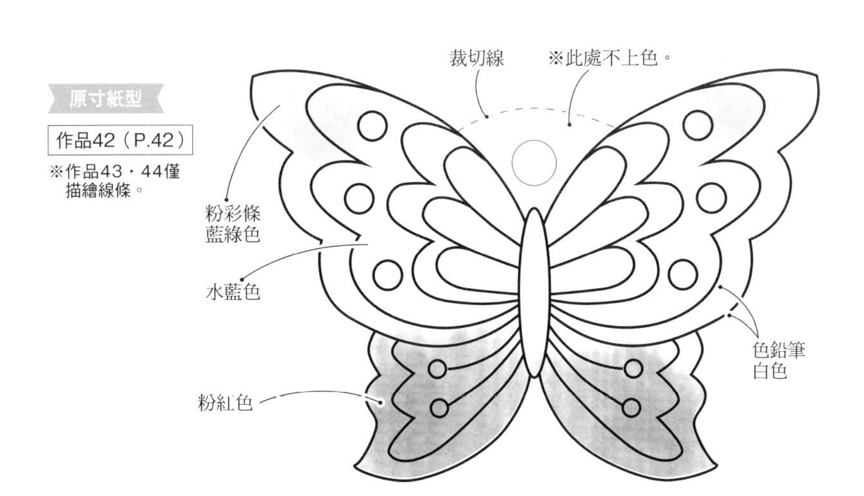

※左右對稱地製作2片。

綠葉手鍊

於透明熱縮片上，
以錐子描劃葉脈的紋路，
再將黃綠色的粉彩擦入暈染。
僅殘留鮮明的葉脈紋路，
使整體呈現出淡淡的微暈綠色。

材料
- 厚0.3mm透明熱縮片 6×18cm×2片
- 直徑8mm棉花珍珠（圓珠：淺駝白）…1顆
- 直徑4mm捷克珠（圓形珠：黃綠色）…3顆
- C圈（金色）a：0.7×4mm…1個
  b：0.8×6mm…5個
- 9針 0.6×30mm（金色）…1支
- T針 0.6×15mm（金色）…1支
- 問號鉤 12×6mm（金色）…1個
- 鍊條（線徑0.5mm 喜平鏈：金色）…35mm

著色工具 粉彩條（黃綠色）

工具 錐子、廚房紙巾、剪刀、美工刀、打洞機
平口鉗、圓嘴鉗、斜口鉗、烤箱、手套、空罐

原寸紙型…P.43

 飾品配件協力／貴和製作所

作品45 Lesson

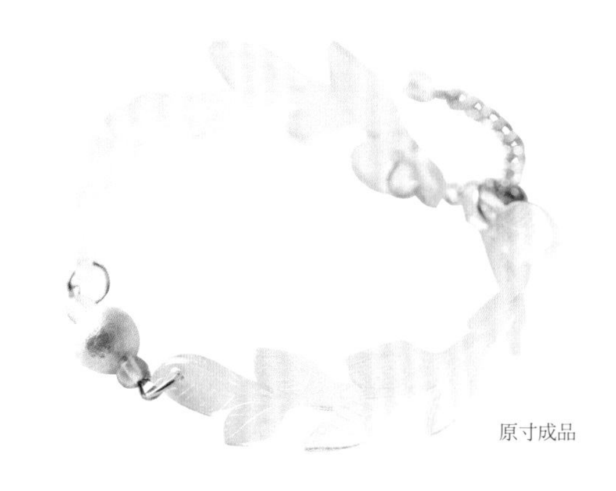

原寸成品

1 將透明熱縮片疊放在紙型上，以錐子描劃輪廓＆葉片的脈紋。

2 將輪廓＆葉脈的紋路全部描摹完成。

3 以美工刀刮粉彩條，使色粉隨意地落在熱縮片上。

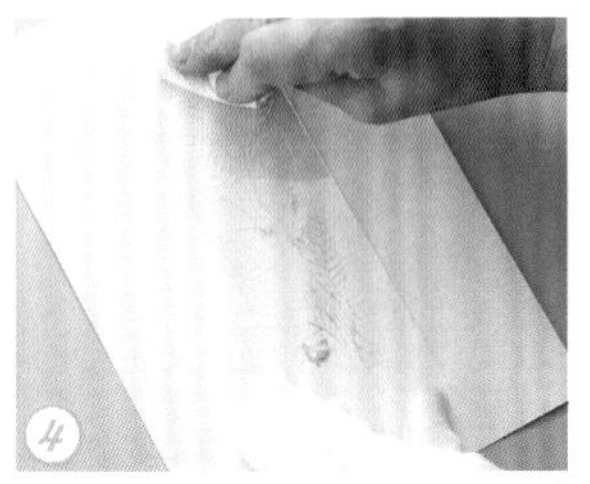

4 以廚房紙巾將粉彩均勻地散布於整個圖案上。

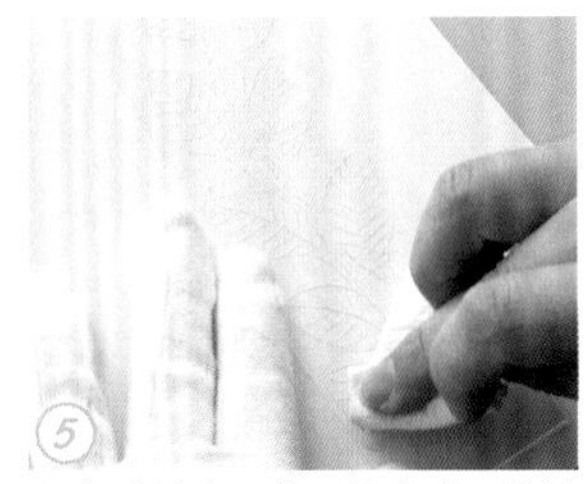

5 取廚房紙巾以畫圓的方式，將粉彩的色粉擦進條紋裡。

6 使用剪刀以不留線條的方式裁剪＆以打洞機打洞（參照P.8）。

7 以烤箱加熱步驟⑥，並以著色面為內側，緩緩施力使其彎曲（參照P.9）。

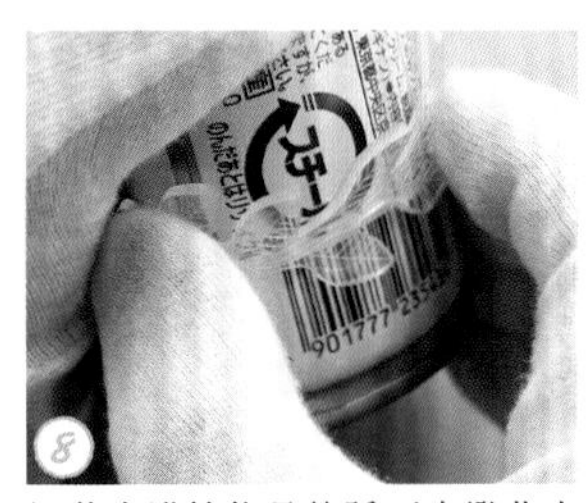

8 沿著空罐等物品的弧面來彎曲也OK。

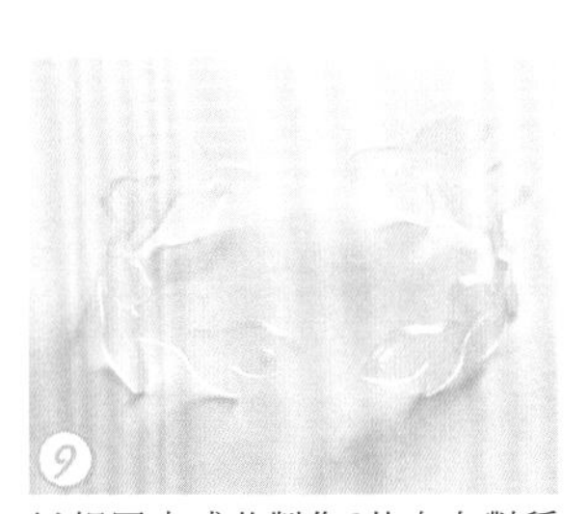

9 以相同方式共製作2片左右對稱的葉片配件，相對置放。

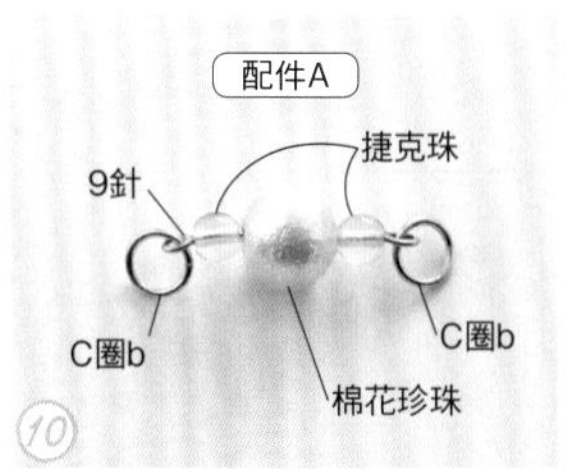

10 將2顆捷克珠＆1顆棉花珍珠穿入T針中，再將前端摺彎繞圓，於兩端接上C圈b（參照P.9）。

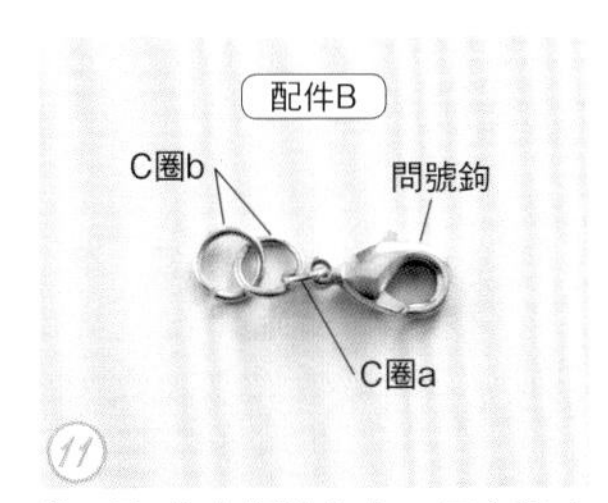

11 將C圈a接在問號鉤上，再串連上2個C圈b。

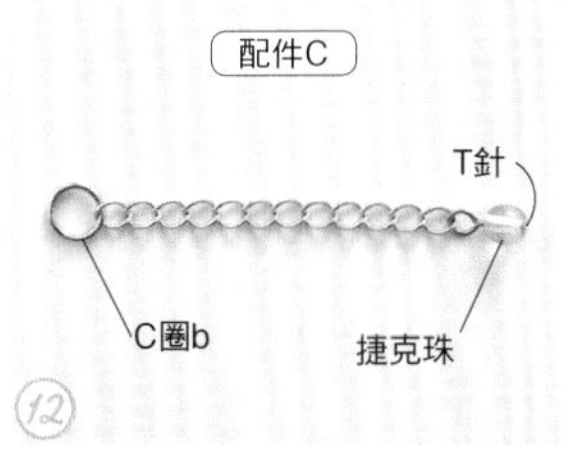

12 先將捷克珠穿入T針中＆接在鍊條的前端，再於鍊條另一端接上C圈b（參照P.9）。

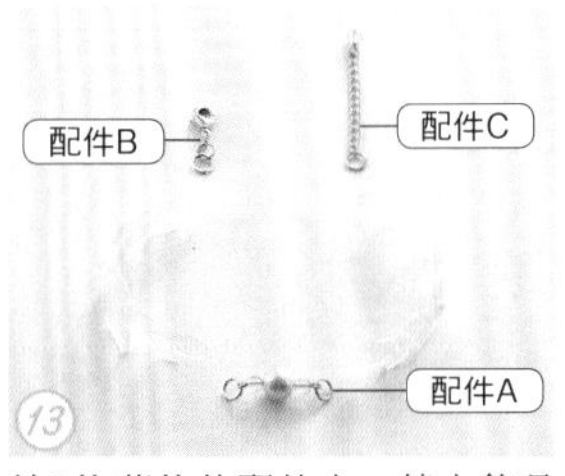

13 於2片葉片的配件上，接上飾品配件A・B・C（參照P.9）。

14 完成！
手鍊的內徑／約17.5cm至20.5cm

※依熱縮片的收縮情況不同，尺寸也會隨之改變。

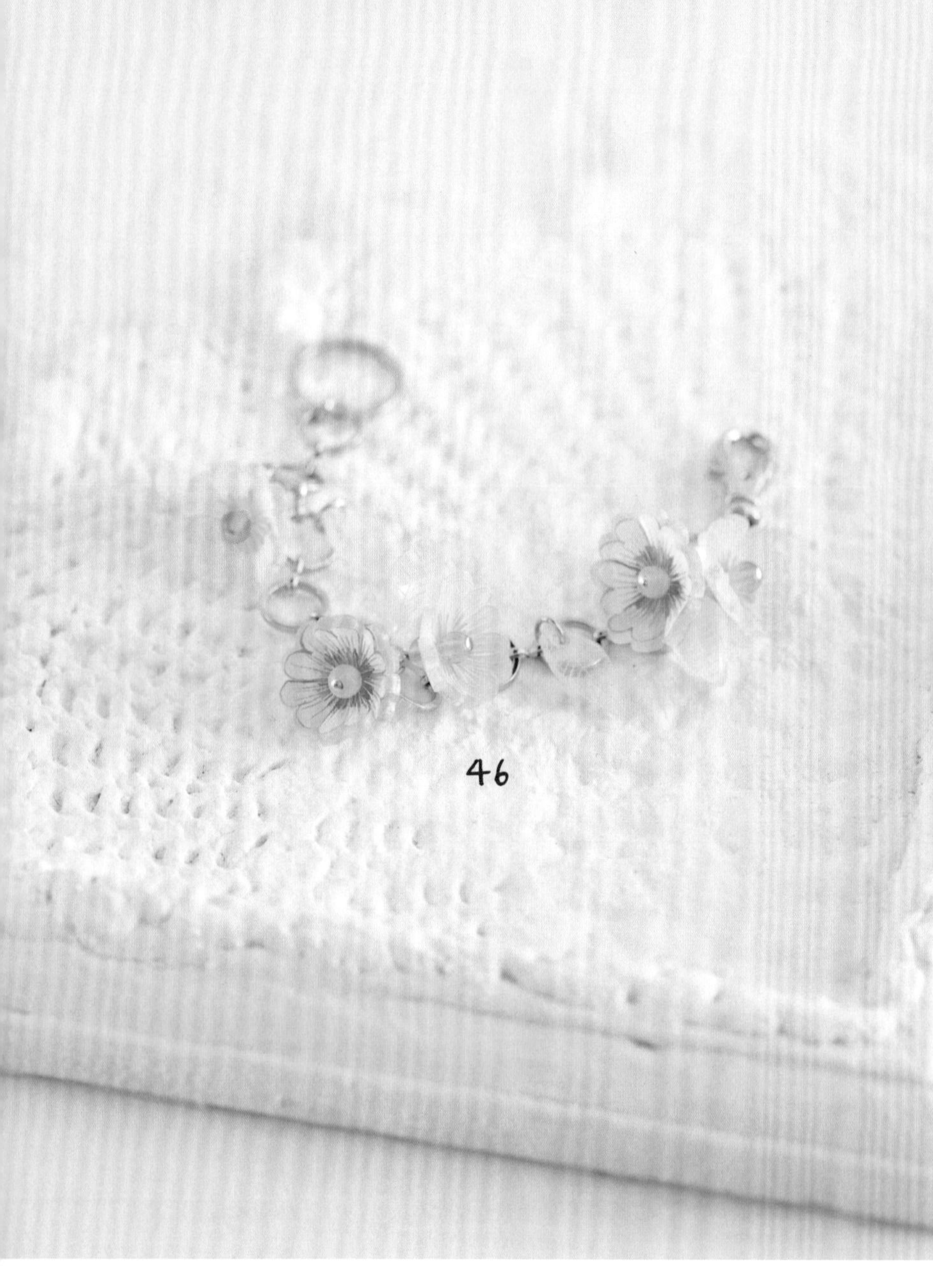

雛菊手袋吊飾

將磨砂處理過的透明熱縮片
以色鉛筆著色，
化身為乳白色系的可愛小花。
清新&鮮明透亮的葉子，
則是在以錐子描劃的葉脈上
將粉彩擦入暈染……

材料
- 厚0.3mm透明熱縮片 5×5cm×6片
  4×6cm×5片
- 直徑4mm捷克珠（圓形珠：黃綠色・乳白色）…各6顆
- C圈 0.8×5mm（鍍鋯）…5個
- T針 0.6×20mm（鍍鋯）…6支
- 手袋用吊飾五金（鍊條部分長約12cm：鍍鋯）…1條

著色工具 色鉛筆（粉紅色・紅色・黃色・橘色）粉彩條（黃綠色）

工具 砂紙、錐子、廚房紙巾、剪刀、美工刀、打洞機、平口鉗、圓嘴鉗、斜口鉗、烤箱、手套

原寸紙型…P.47

作品46 Lesson

將磨砂處理（參照P.8）過的透明熱縮片疊放在紙型上，以粉紅色的色鉛筆描繪輪廓&花瓣的脈紋。

僅於步驟①的中心，如填滿粉紅色線條的空隙般，以紅色的色鉛筆描繪條紋。

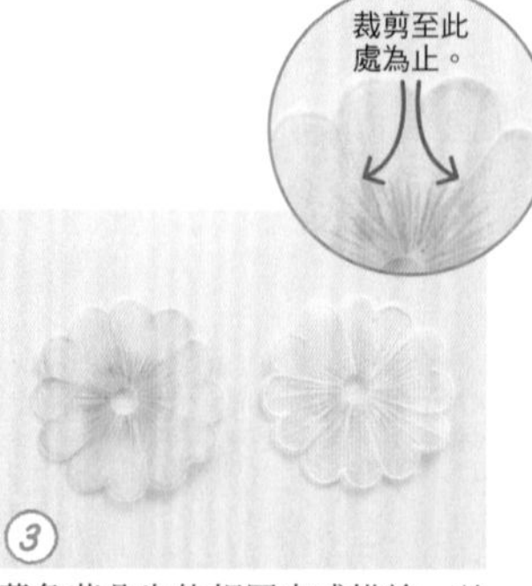

黃色花朵也依相同方式描繪，並使用剪刀以保留輪廓線的方式裁剪，再以打洞機於中心打洞（參照P.8）。

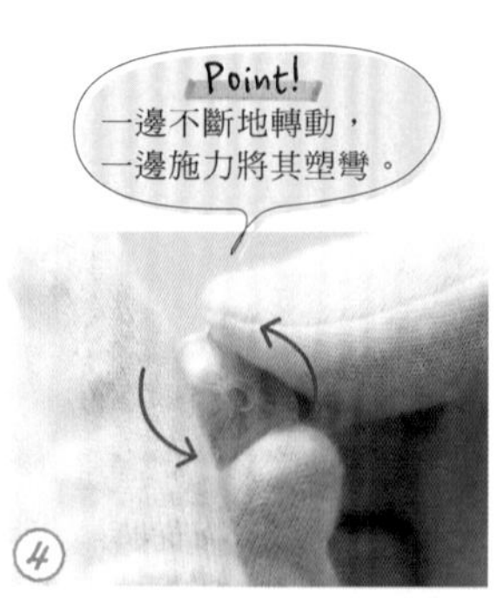

以烤箱加熱步驟③，並以著色面為內側，以食指的指腹將中心凹成窪狀（參照P.9）。

 飾品配件協力／Parts Club

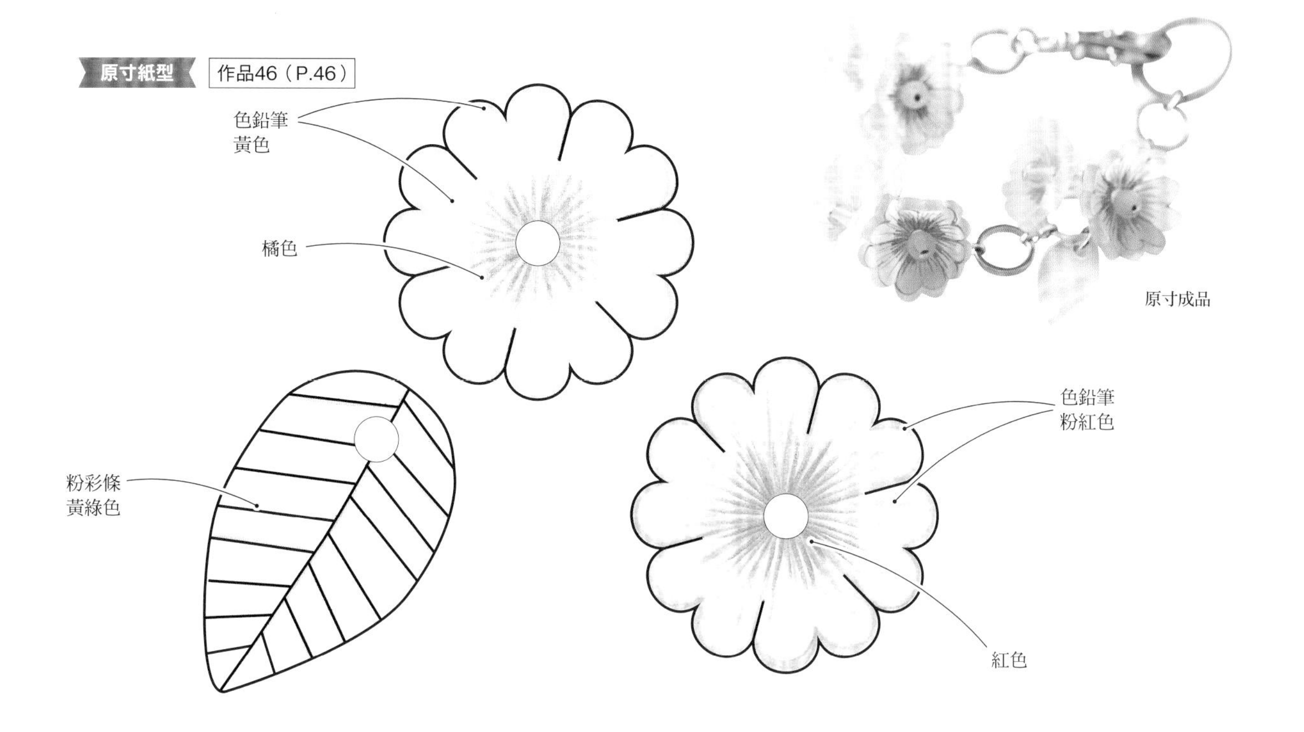

⑤ 雛菊小花花型完成。

⑥ 依捷克珠・步驟⑤・捷克珠的順序穿入T針中。

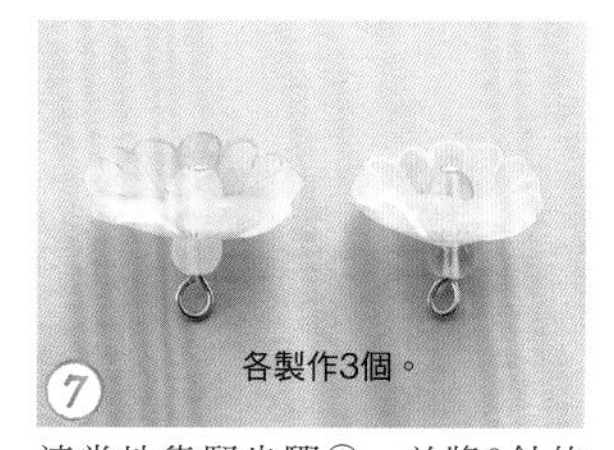

⑦ 適當地靠緊步驟⑥，並將9針的前端拉緊，剪去多餘的部分之後，再將前端摺彎繞圓。

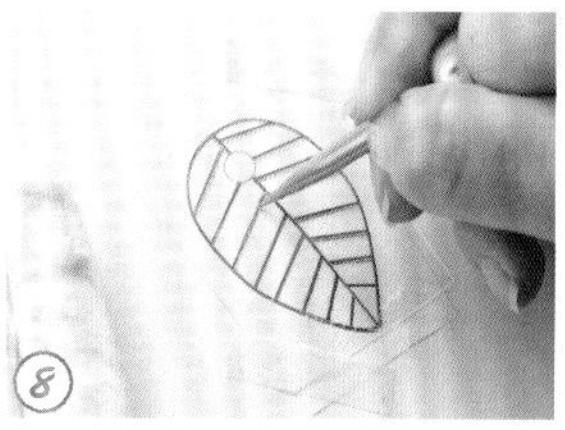
⑧ 葉子是將透明熱縮片疊放在紙型上，以錐子描劃輪廓＆葉片的脈紋。

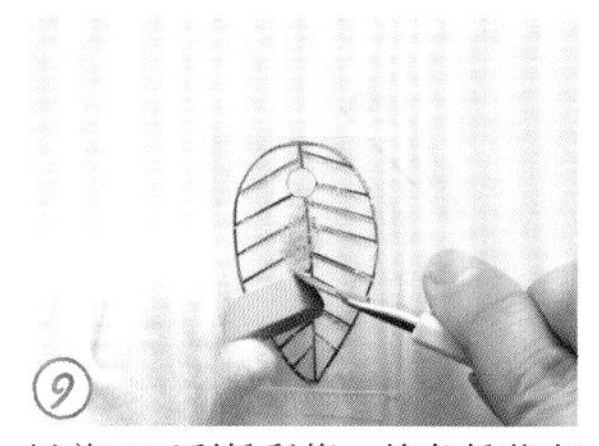
⑨ 以美工刀刮粉彩條，使色粉落在熱縮片上。

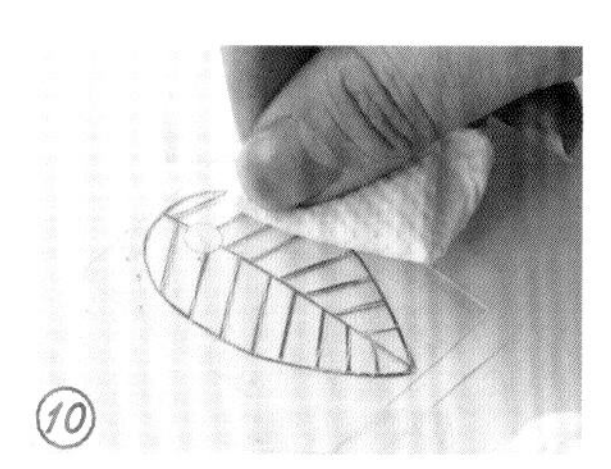
⑩ 取廚房紙巾以畫圓的方式，將色粉確實地擦進條紋理。

⑪ 使用剪刀以不留線條的方式裁剪，並以打洞機打洞（參照P.8）。以相同作法製作5片。

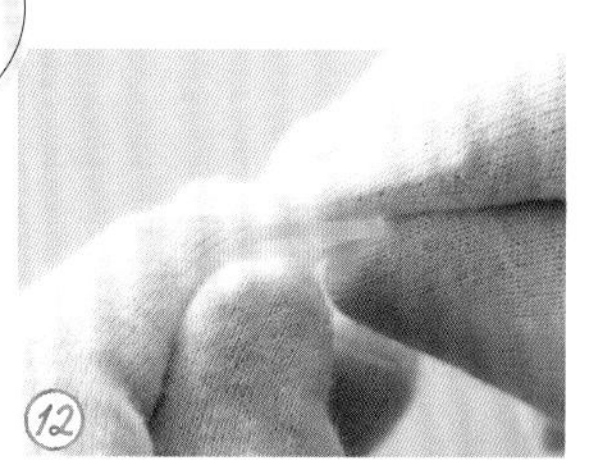
⑫ 以烤箱加熱步驟⑪，再緩緩施力使其彎曲（參照P.9）。

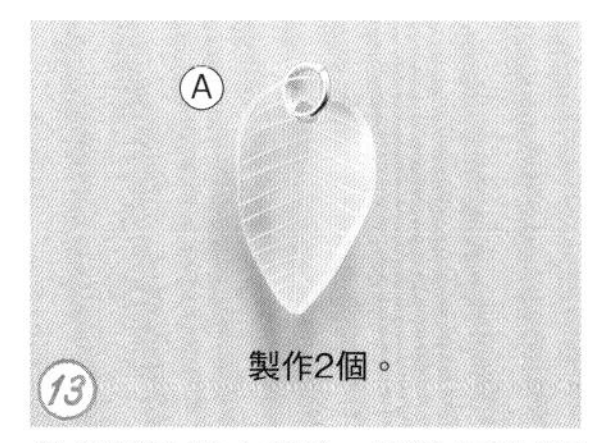

⑬ 將步驟⑫接上C圈，共製作2個配件A。

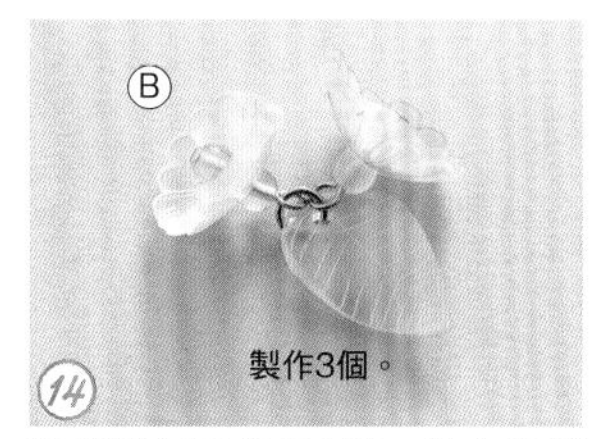

⑭ 取步驟⑦兩色各1個，接在步驟⑫的C圈上。共製作3個配件B。

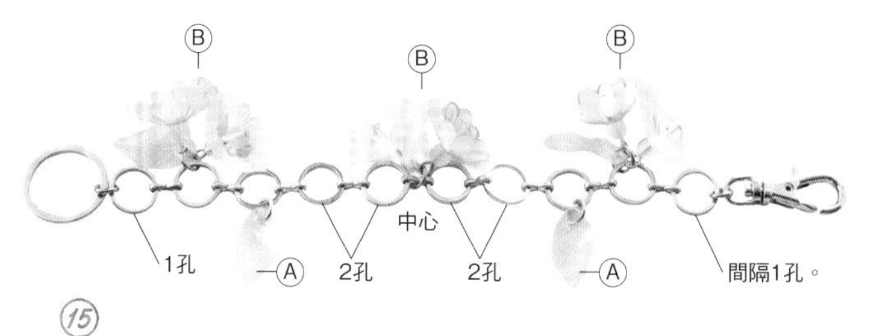

⑮ 打開配件A・B各自的C圈，接在手袋用的吊飾鍊上。

絢麗多彩的
戒指&手環

不論是以油性馬克筆
描繪條紋花樣、斑駁圖案……
或點綴金蔥亮粉&琉璃壓印都廣受歡迎唷！

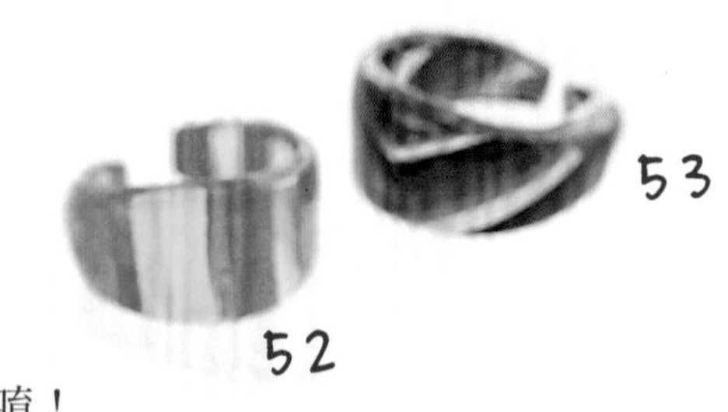

最後以UV膠加工，
呈現出飽滿的亮澤感。

材料（※1組）
【作品47至50・52至54通用】
- 厚0.3mm透明熱縮片 4×15cm

【作品51】
- 厚0.3mm透明熱縮片 4×14cm×3片
- 直徑5mm施華洛世奇水晶珠＃5328（水藍色）…3顆
- C圈（鍍銠）a：0.8×6mm…7個
  b：0.8×4mm…1個
- 9針 0.6×20mm（鍍銠）…3支
- 問號鉤 12×6mm（鍍銠）…1個

著色工具 作品47至54通用／UV膠、作品47／零碎的熱縮片、作品48／印章、印台（藍綠色・黃綠色）、油性馬克筆（作品49／茶色・淺棕色・黑色、作品50・51／藍色・黃綠色・水藍色、作品52至54參照紙型）、作品50／金蔥亮粉（銀色）

工具 作品47至54通用／紙膠帶、錐子、剪刀、UV照射器、烤箱、手套、透明檔案夾、作品47／打洞機、作品49／廚房紙巾、作品51／打洞機、平口鉗、圓嘴鉗、斜口鉗、空罐、手鑽（必要時使用）

原寸紙型…P.50・P.51

 飾品配件協力（作品51）／貴和製作所

① 取零碎的熱縮片再利用，以打洞機剪下許許多多的小圓片。

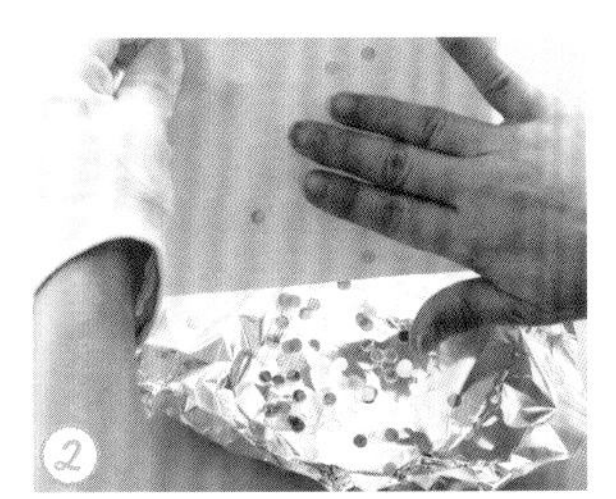

② 將鋁箔紙的周圍摺成擋牆，放入步驟①＆盡可能地將其分開，不要碰在一起。

③ 以烤箱加熱步驟②（參照P.9），待其縮成2mm程度的小顆粒，即可取出。

④ 熱縮片串珠（※無孔珠）完成。

⑤ 將透明熱縮片疊放在紙型上，以錐子描劃輪廓線，並以剪刀沿著輪廓線內側裁剪（尖角處稍微修圓）（參照P.8）。

⑥ 以捲尺測量自己手指的粗細，並在油性馬克筆大略等粗的筆身部位黏上紙膠帶。

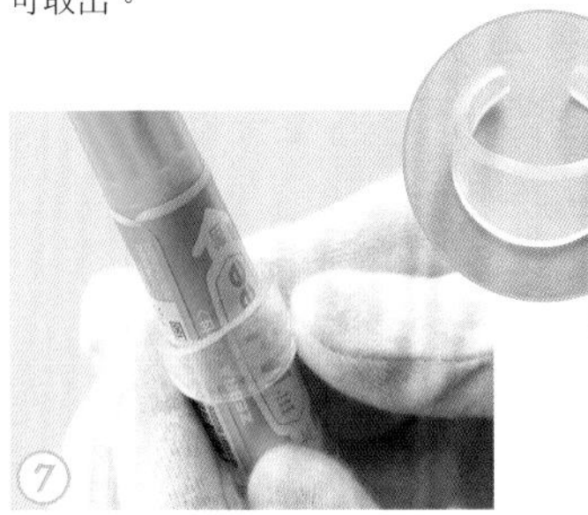

⑦ 以烤箱加熱步驟⑤，再沿著步驟⑥貼上膠帶的位置來彎曲（參照P.9）。

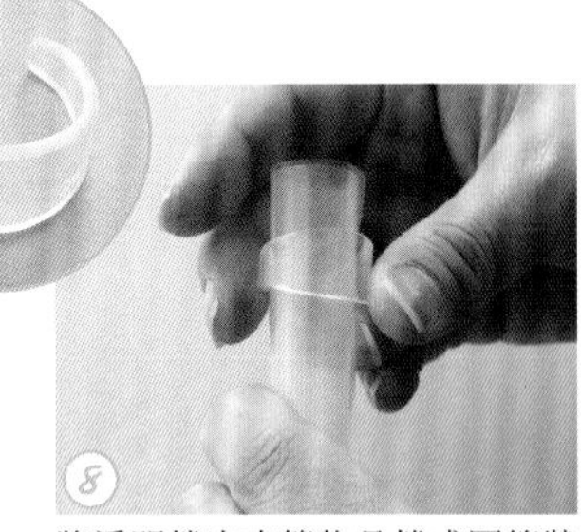

⑧ 將透明檔案夾等物品捲成圓筒狀之後，將戒指戴上去。

⑨ 將步驟④加入UV膠中調合，以熱縮片的剩片等物塗抹在步驟⑧上。從一側開始一點一點地放上去之後，重複步驟⑨・⑩的作法。

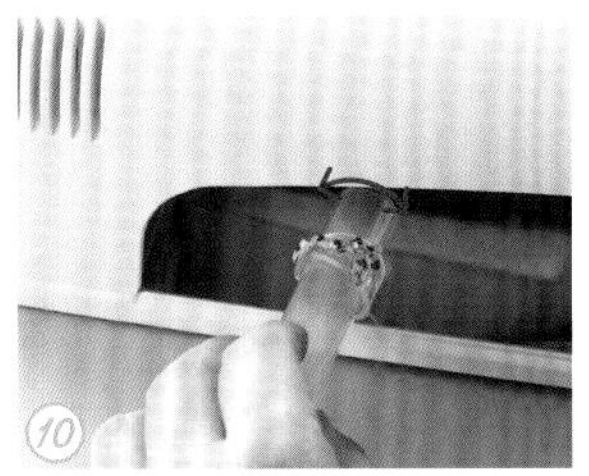

⑩ 放進UV照射器中，為避免膠液滴落或偏斜某側，應不斷地轉動使其硬化（參照P.28）。

⑪ 最後塗上一層僅有UV膠的液體，以步驟⑩相同作法使其硬化，使表面呈現光滑亮澤的效果。

作品47

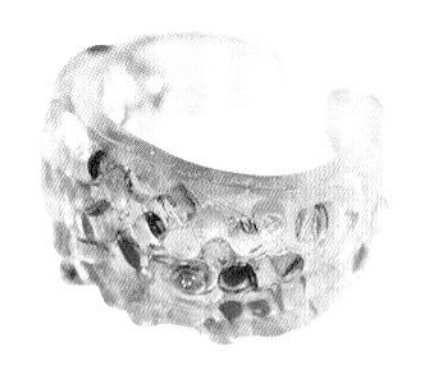

作品48 Lesson

※同上述步驟⑤作法，事先裁切透明熱縮片。

① 將印章拍上印台。

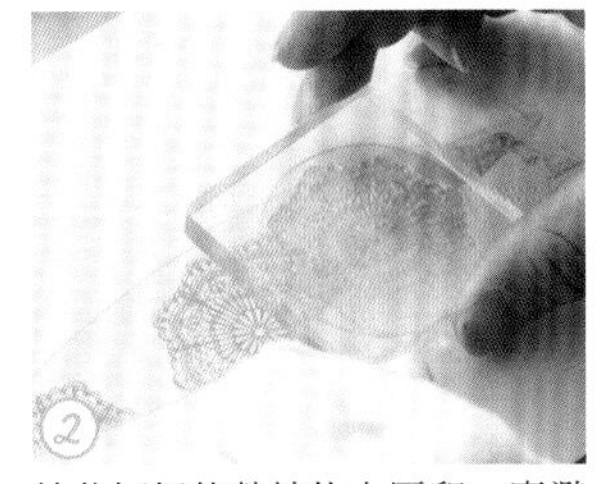

② 於裁切好的熱縮片上壓印。應避免印章的上端超出熱縮片的範圍來壓印。

③ 以藍綠色油墨壓印於中心＆兩端，再以黃綠色油墨重疊其間地壓印。

作品48

④ 同上述步驟⑥・⑦作法，以著色面為外側，將其塑彎成戒指樣式，並以UV膠進行表面塗層（參照P.28）。

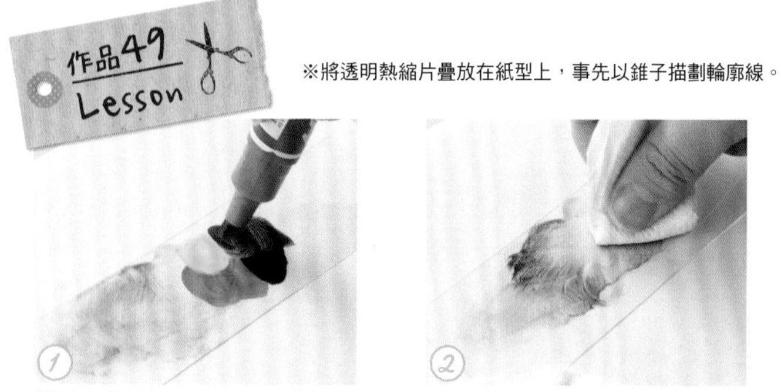

※將透明熱縮片疊放在紙型上，事先以錐子描劃輪廓線。

① 於透明熱縮片上塗抹淺棕色・茶色・黑色的油性馬克筆。

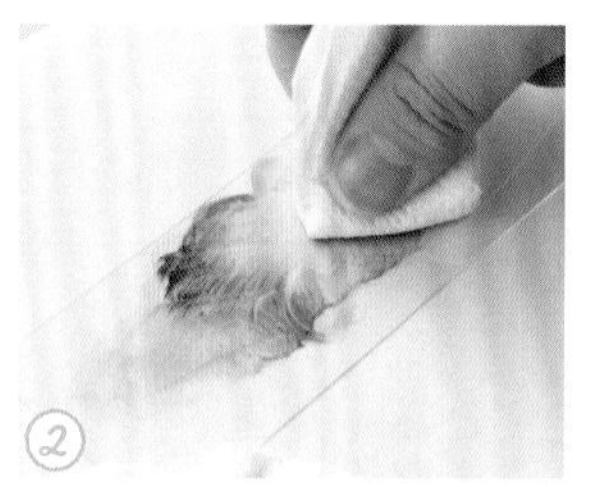

② 取廚房紙巾，一邊快速地混色，一邊暈染開來。重複步驟①・②。

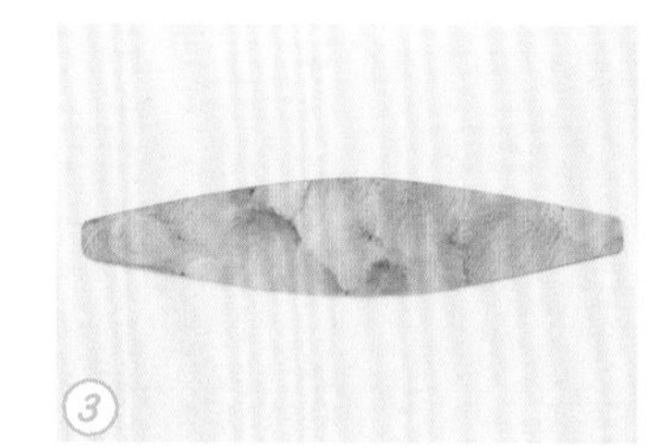

③ 以剪刀沿著輪廓線內側裁剪（尖角處稍微修圓）（參照P.8）。

④ 同P.49步驟⑥・⑦作法，以著色面為外側，將其塑彎成戒指樣式，並以UV膠進行表面塗層（參照P.28）。

① 將透明熱縮片疊放在紙型上，以錐子描劃輪廓線。

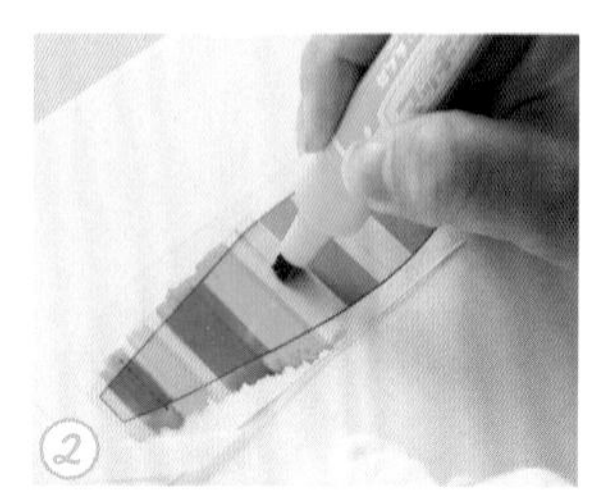

② 依照紙型所示，塗上3色的油性馬克筆。趁前一色未乾時，自邊界處些微地重疊上色。

③ 以剪刀沿著輪廓線內側裁剪（尖角處稍微修圓）（參照P.8）。

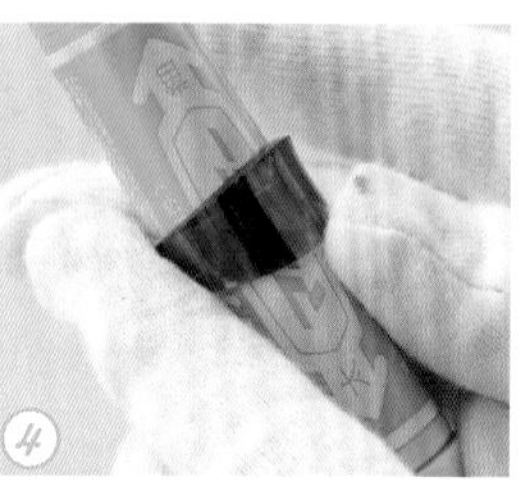

④ 以著色面為外側，同P.49步驟⑥・⑦作法，將其塑彎成戒指樣式。

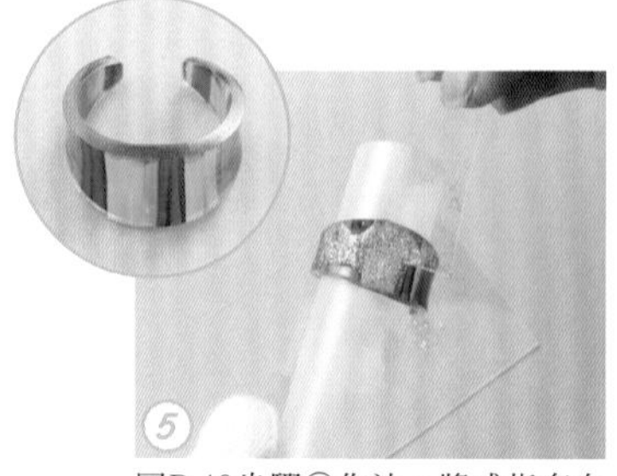

⑤ 同P.49步驟⑧作法，將戒指套在捲成圓筒狀的透明檔案夾上，塗上混入金蔥亮粉的UV膠（參照P.28）。

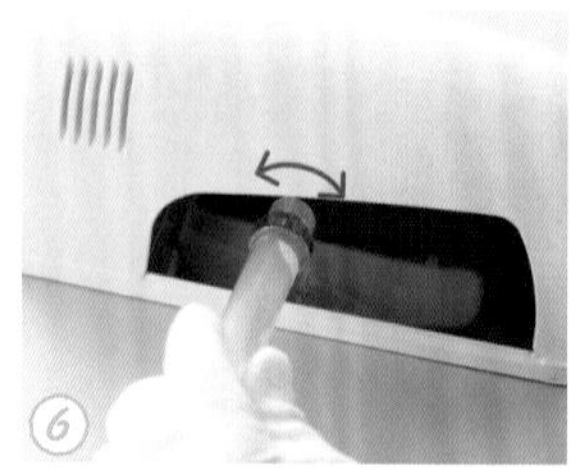

⑥ 放進UV照射器中。為避免膠液滴落或偏斜某側，應不斷地轉動使其硬化（參照P.28）。

⑦ 最後直接塗上一層僅有UV膠的液體，以步驟⑥相同作法使其硬化。

作品50

作品52

作品54

★作品52・54以作品50相同作法（無金蔥亮粉）製作。

原寸紙型

作品47至52・54（P.48）

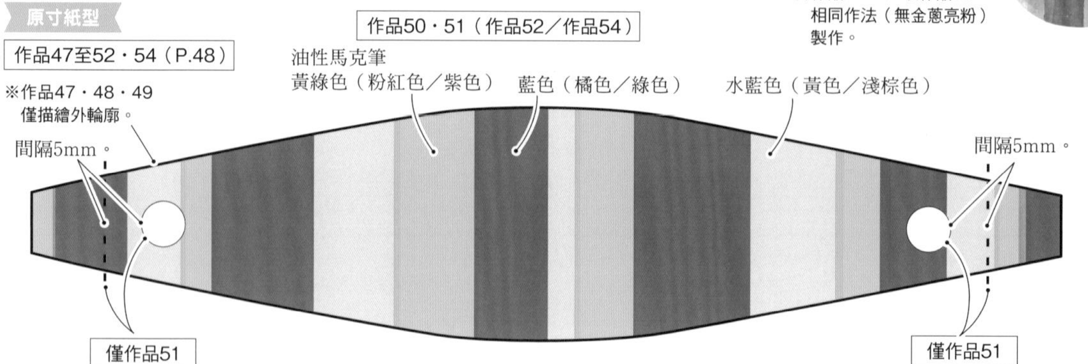

1. 將透明熱縮片疊放在紙型上，以錐子描劃輪廓線。手環則需要描繪內側的虛線。

2. 以剪刀沿著輪廓線內側裁剪，並以打洞機打洞（參照P.8）。

3. 以烤箱加熱步驟②，並以著色面為外側，緩緩施力使其沿著罐子的弧面彎曲（參照P.9）。

4. 以相同方式製作3個。

5. 將紙膠帶繞成圈狀貼在步驟④的背面，再黏在捲成圓筒狀的透明檔案夾上。

6. 塗上UV膠液（參照P.28）。

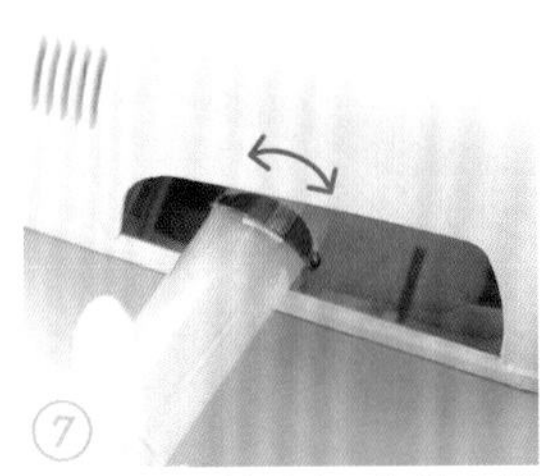

7. 放進UV照射器中，為避免膠液滴落或偏斜某側，應不斷地轉動使其硬化（參照P.28）。

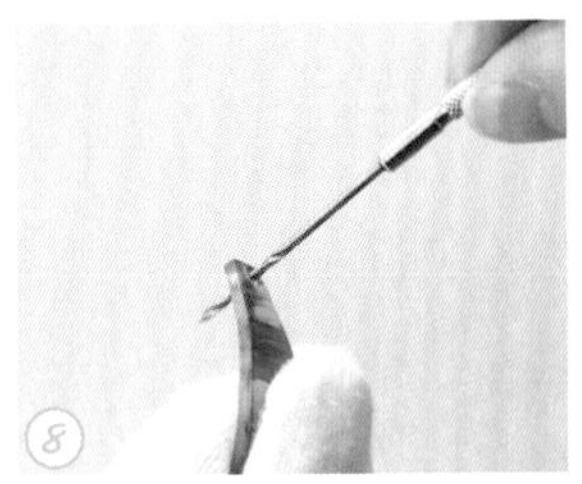

8. 若開孔被完全覆蓋，最後再以手鑽（參照P.6）打洞即可。

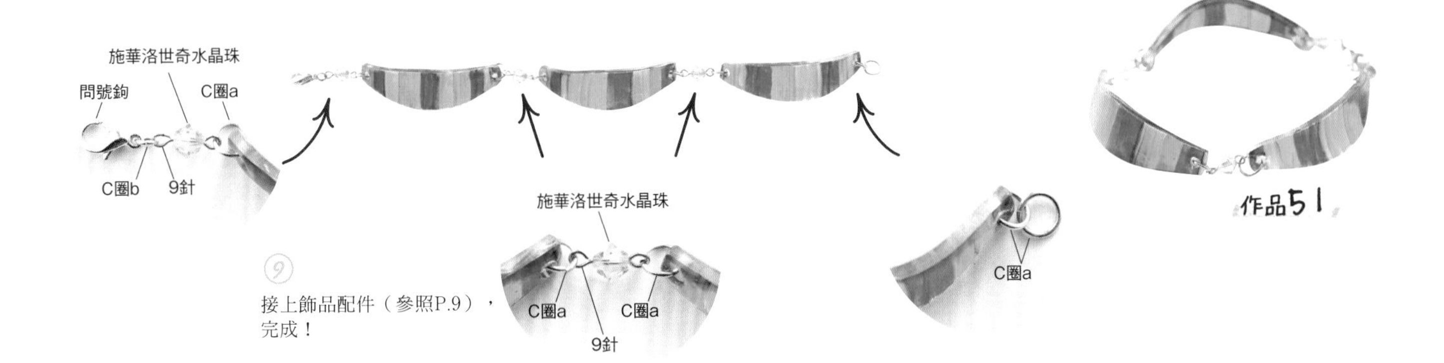

9. 接上飾品配件（參照P.9），完成！

★作品53除了上色的花樣不同之外，其餘作法皆與作品50相同（但無金蔥亮粉）。

原寸紙型

作品53（P.48）

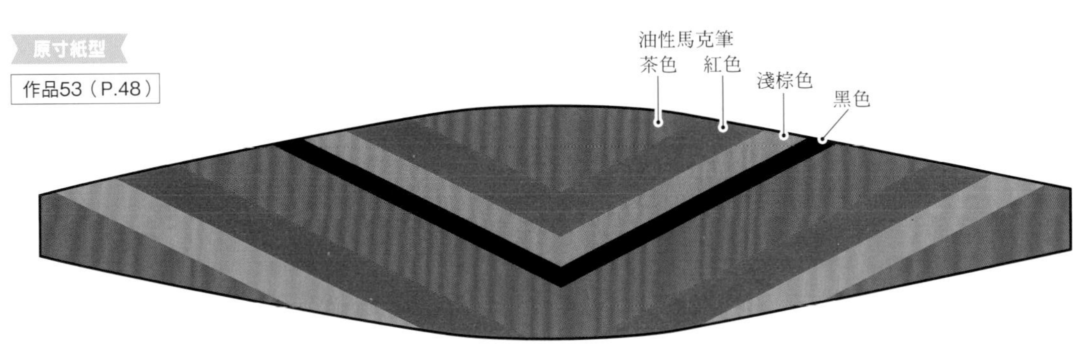

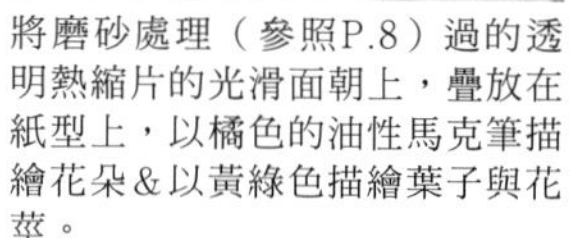

①將磨砂處理（參照P.8）過的透明熱縮片的光滑面朝上，疊放在紙型上，以橘色的油性馬克筆描繪花朵＆以黃綠色描繪葉子與花莖。

②將步驟①翻面之後，在磨砂面的葉子＆花莖處，以美工刀刮取黃綠色的粉彩條，使色粉落在熱縮片上。

金木犀項鍊

在化身成底座的熱縮片上，
貼滿了許許多多的小花……
此為紫丁香戒指（P.35）的應用作品。

材料
- 厚0.3mm透明熱縮片／底座：12×12cm×1片、小花：3.5×3.5cm×12至15片
- 圓珠鍊45cm（滑動型釦頭：金色）…1條
- 胸針28mm（焊圈別針：金色）…1支

著色工具 油性馬克筆（橘色・黃綠色）、粉彩條（橘色・黃綠色）

工具 砂紙、錐子、廚房紙巾、棉花棒、剪刀、美工刀、烤箱、手套、接著劑

原寸紙型…P.53

飾品配件協力／藤久株式會社

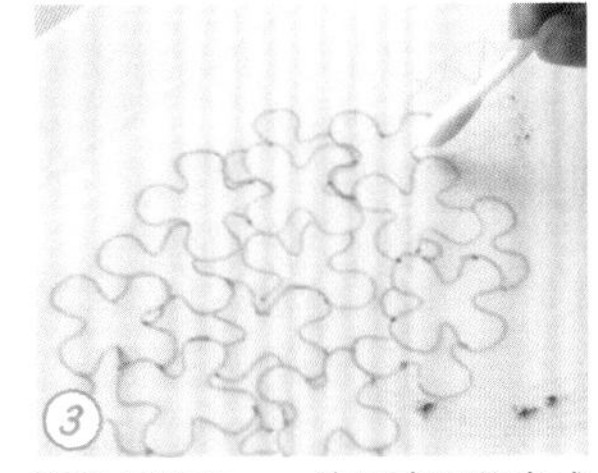

③ 取廚房紙巾，一邊以畫圓的方式混色，一邊將粉彩的色粉擦拭進去；與花朵的邊界則以棉花棒暈染。

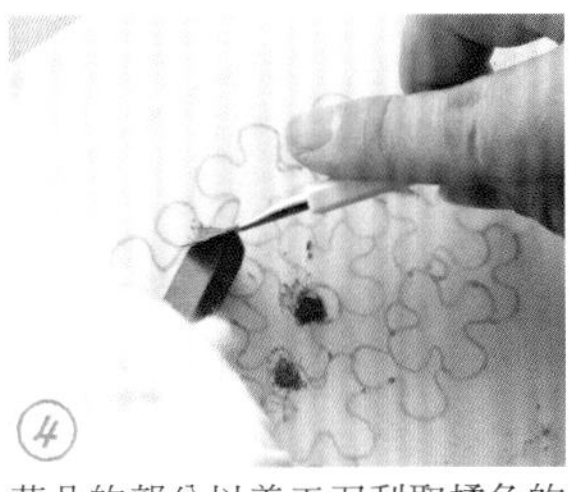

④ 花朵的部分以美工刀刮取橘色的粉彩條，使色粉落在熱縮片上。

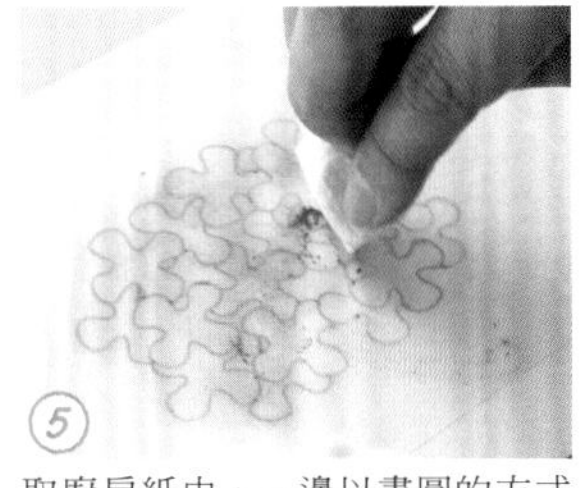

⑤ 取廚房紙巾，一邊以畫圓的方式混色，一邊將色粉擦拭進去。

⑥ 與花莖＆葉子相鄰的邊界處則以棉花棒暈染。

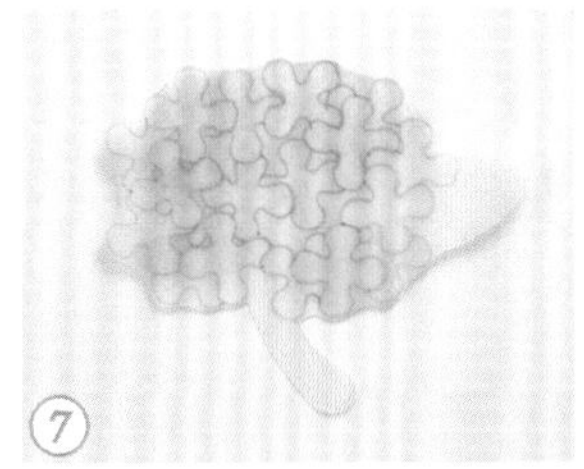

⑦ 保留周圍的線條，以剪刀沿著大致的輪廓裁剪（參照P.8）。

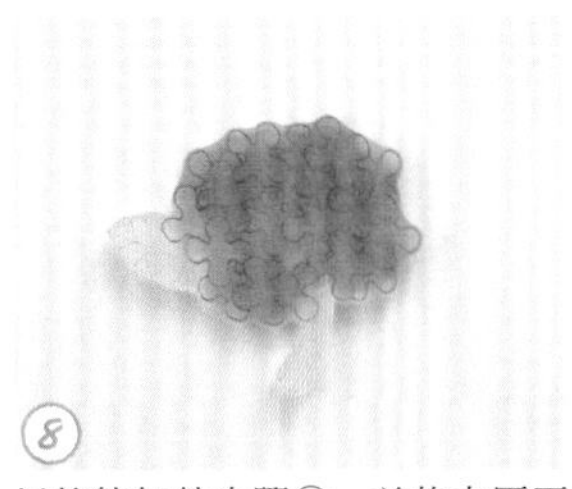

⑧ 以烤箱加熱步驟⑦，並施力壓平（參照P.9）。

⑨ 將磨砂處理（參照P.8）過的透明熱縮片疊放在小花的紙型上，以錐子描劃紙型的線條。

⑩ 以步驟④・⑤相同作法將橘色的粉彩暈開。

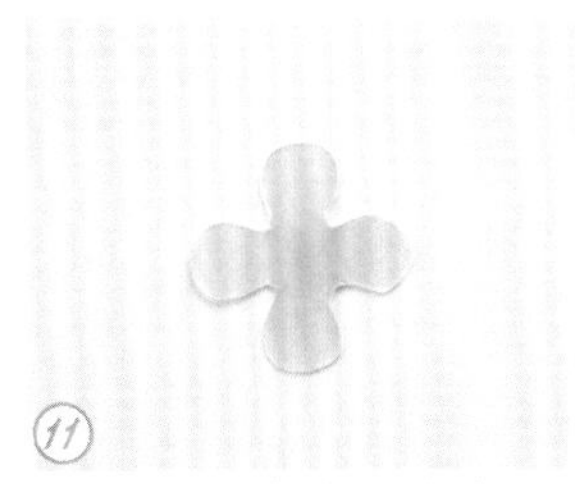

⑪ 以剪刀沿著輪廓線內側裁剪。

Point!
加熱之前，先確認外側面（著色面）的擺放面向。

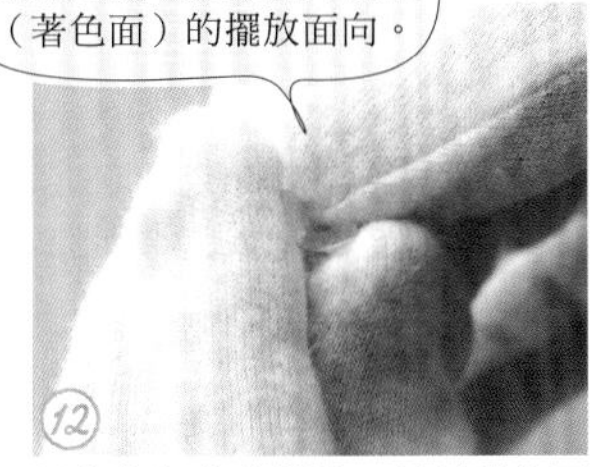

⑫ 以烤箱加熱步驟⑪，並以著色面為外側面，施力將花瓣塑彎（參照P.9）。

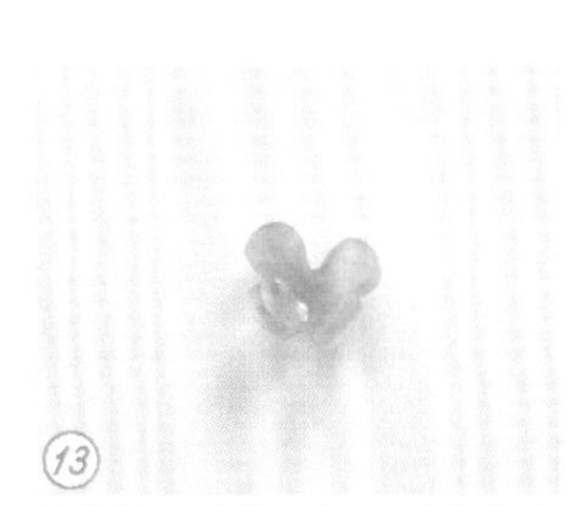

⑬ 以相同方式製作12至15朵的小花。

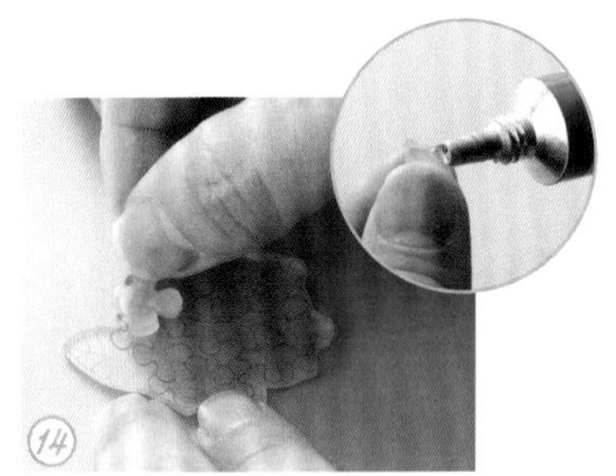

⑭ 自葉子的邊界處起，逐一將12至15朵小花依序以接著劑黏接在步驟⑧的底座上。

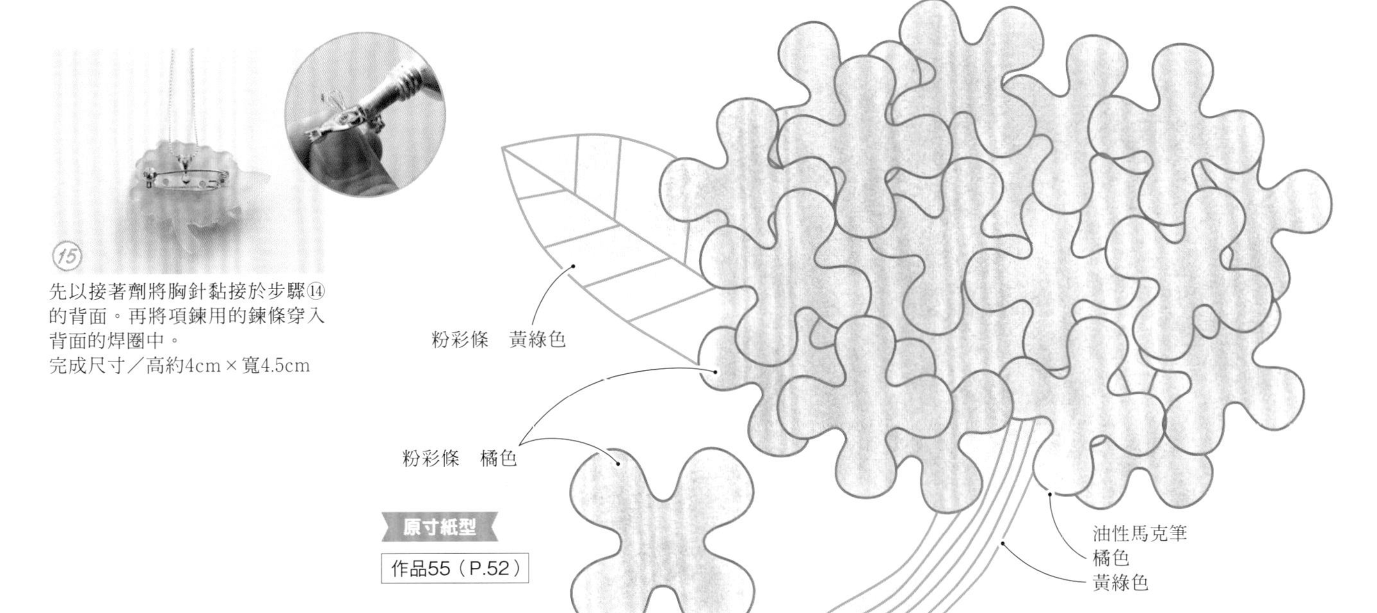

⑮ 先以接著劑將胸針黏接於步驟⑭的背面。再將項鍊用的鍊條穿入背面的焊圈中。
完成尺寸／高約4cm×寬4.5cm

原寸紙型

作品55（P.52）

鬱金香耳環

將花生狀的
花瓣配件
以鉛筆自中心
予以塑彎之後，
再重疊組合……

56　57　58

材料（※1組）
- 厚0.2mm透明熱縮片 13×6cm・12×5cm・8×4cm×各2片
- 直徑4mm捷克珠（圓形珠：透明）…2顆
- 直徑3mm捷克珠（奶油色）…2顆
- C圈 0.7×4mm（金色）…2個
- T針 0.6×30mm（金色）…2支
- 耳環五金（法式耳鉤 約15×11mm：金色）…1組

著色工具 作品56・57／油性馬克筆（黃色・紅色・綠色・黃綠色）、作品58／粉彩條（黃色・深粉紅色・綠色・深黃綠色）

工具 砂紙、錐子、廚房紙巾、剪刀、美工刀、打洞機、平口鉗、圓嘴鉗、斜口鉗、烤箱、手套

原寸紙型…P.55

作品58 Lesson

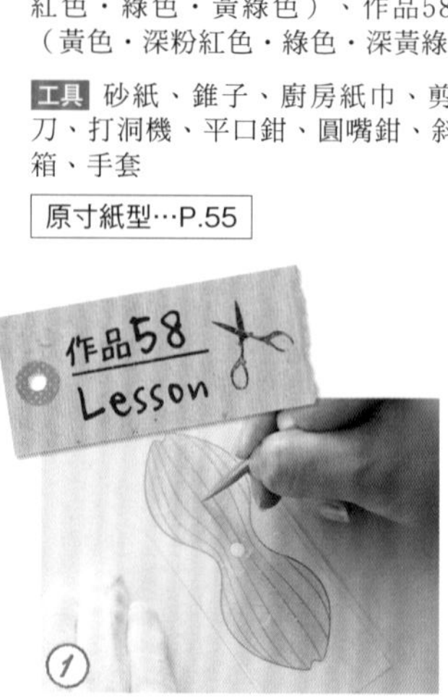

① 將磨砂處理（參照P.8）過的透明熱縮片疊放在紙型上，以錐子描劃輪廓＆條紋。

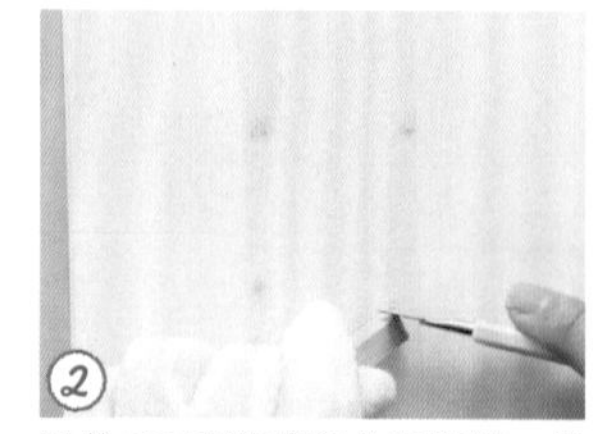

② 以美工刀刮取黃色的粉彩條，使色粉落在花瓣的兩端。

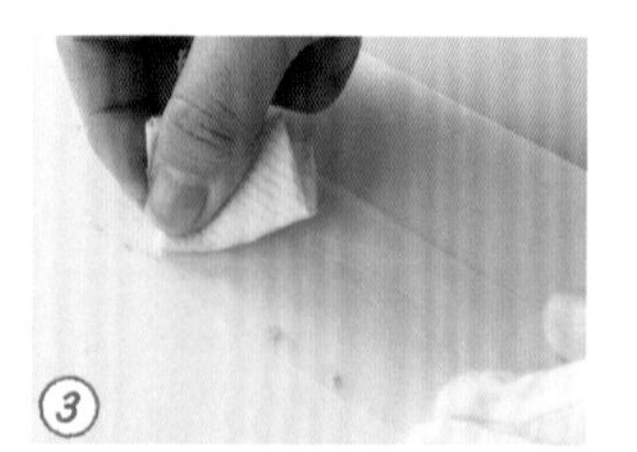

③ 取廚房紙巾，一邊將色粉推抹暈開，一邊擦進花瓣的外緣。

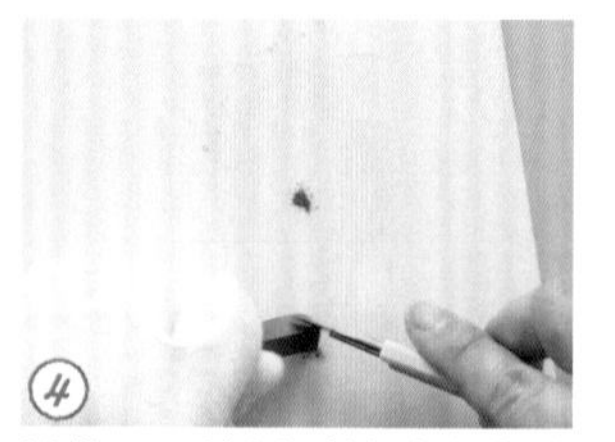

④ 以美工刀刮取深粉紅色的粉彩條，使色粉落在花瓣的中央。

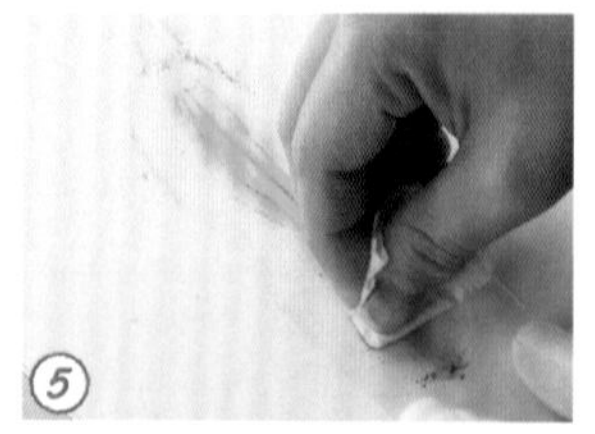

⑤ 取廚房紙巾於花瓣的中央，一邊將色粉推抹暈開，一邊擦拭進去。與黃色的邊界處則以畫圓的方式混色。

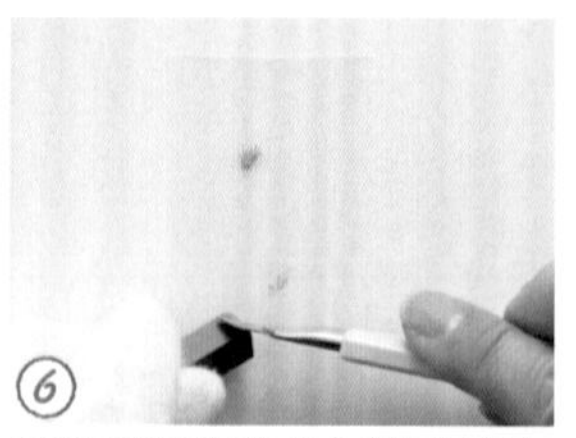

⑥ 以美工刀刮取綠色＆深黃綠色的粉彩條，使色粉隨意地落在葉子上。

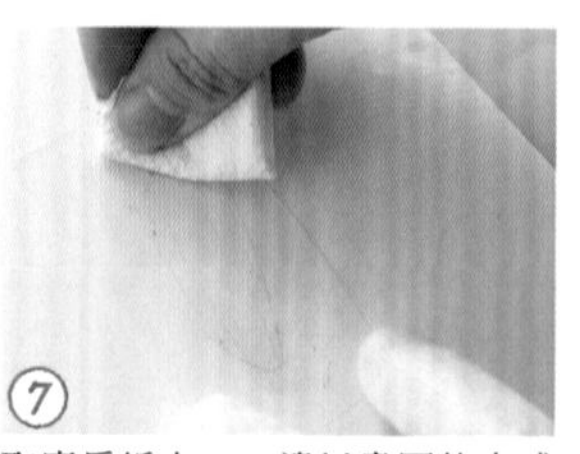

⑦ 取廚房紙巾，一邊以畫圓的方式推抹暈開，一邊將色粉擦拭進去。

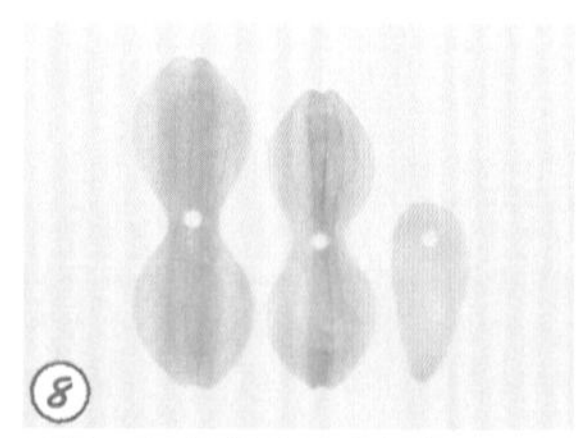

⑧ 以剪刀沿著輪廓線內側裁剪，再以打洞機打洞（參照P.8），製作大・中花瓣、葉子各2片（1組量）。

飾品配件協力／貴和製作所

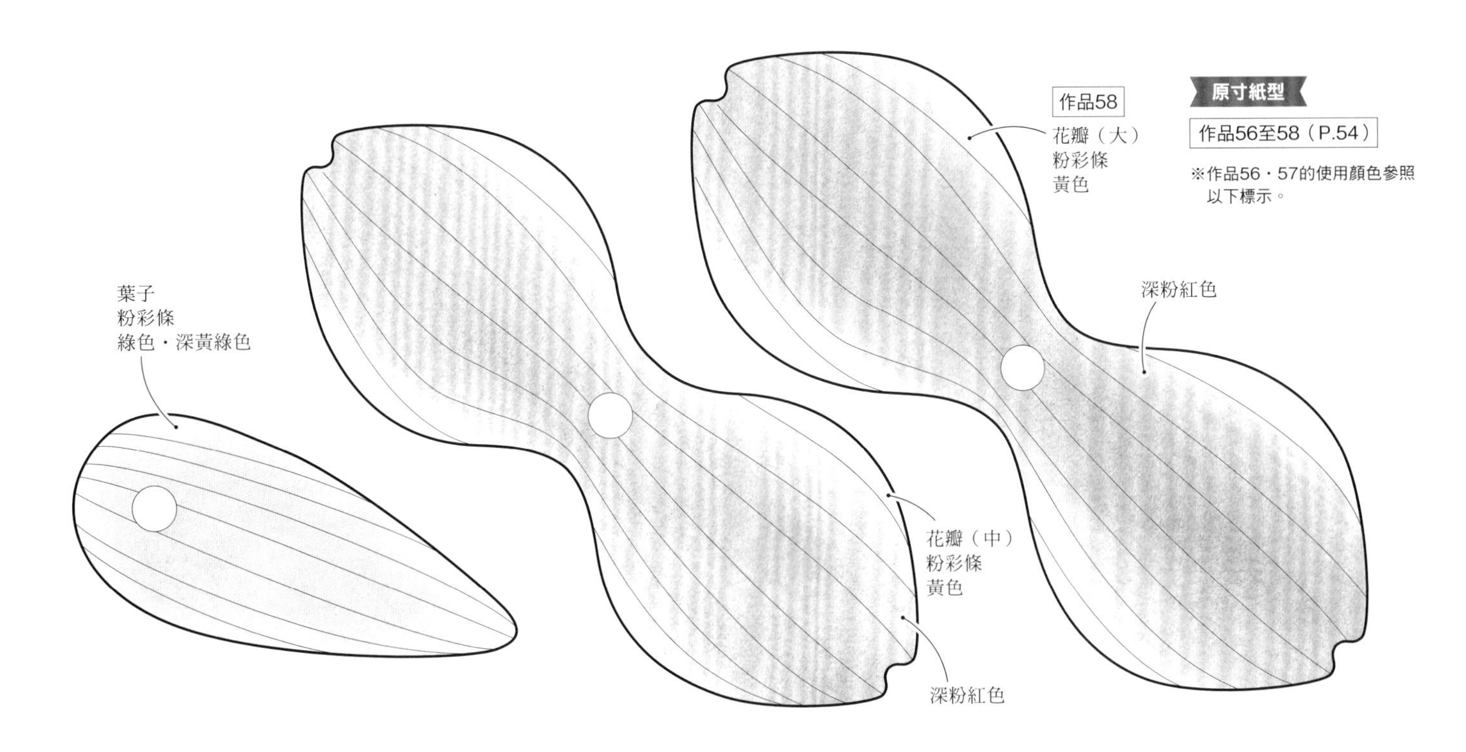

※除了著色方法之外，其餘作法皆與作品58的步驟①・⑧至⑯相同。

作品56・57的著色方法

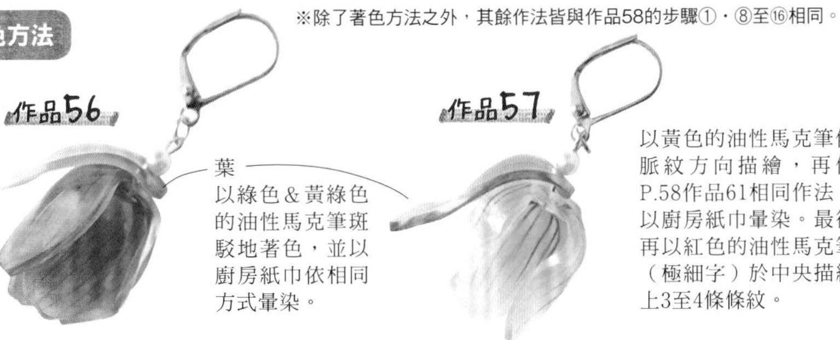

以紅色的油性馬克筆依脈紋方向描繪，趁墨水未乾之前，以廚房紙巾暈染→以黃色的油性馬克筆於兩端中心處塗色，並以相同方式暈染（參照P.58）。

葉
以綠色＆黃綠色的油性馬克筆斑駁地著色，並以廚房紙巾依相同方式暈染。

以黃色的油性馬克筆依脈紋方向描繪，再依P.58作品61相同作法，以廚房紙巾暈染。最後再以紅色的油性馬克筆（極細字）於中央描繪上3至4條條紋。

原寸成品

⑨ 以烤箱加熱步驟⑧的花瓣（中），並以著色面為內側，取鉛筆自中心施力塑彎（參照P.9）。

⑩ 依相同方式，將花瓣（大）轉90度，交錯地疊放在步驟⑨上，再施力塑彎。

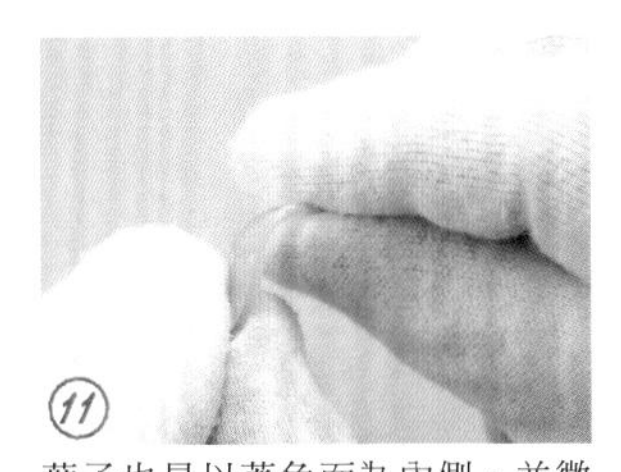

⑪ 葉子也是以著色面為內側，並微微塑彎使其凹成窪狀。

⑫ 快速地將步驟⑪疊放在步驟⑩上，對合弧度。

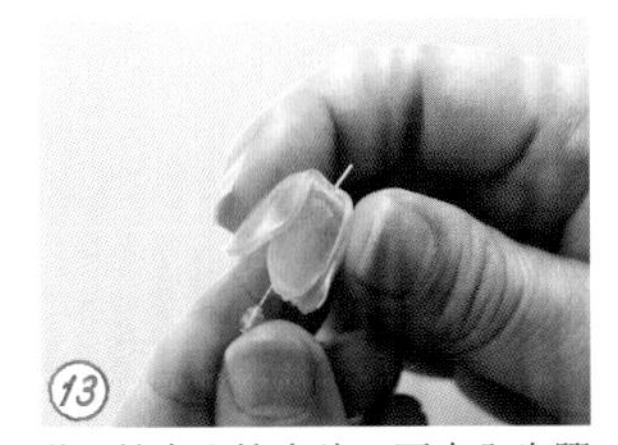

⑬ 將T針穿入捷克珠，再穿入步驟⑩。

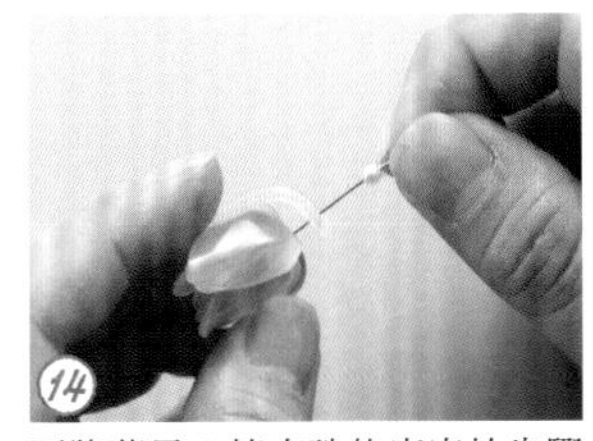

⑭ 再將葉子＆捷克珠依序穿於步驟⑬的前端。

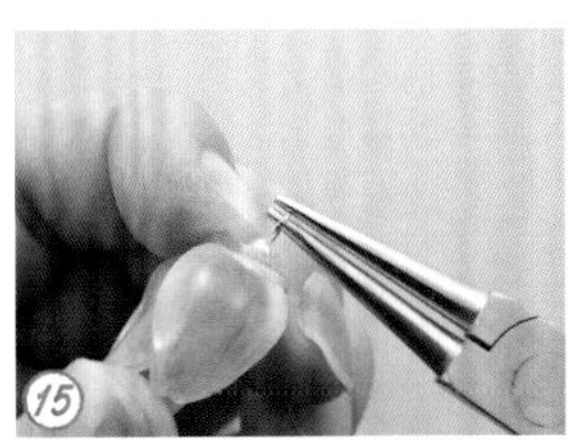

⑮ 適當地靠緊步驟⑭，並將T針的前端拉緊；剪去多餘的部分之後，再將前端摺彎繞圓。

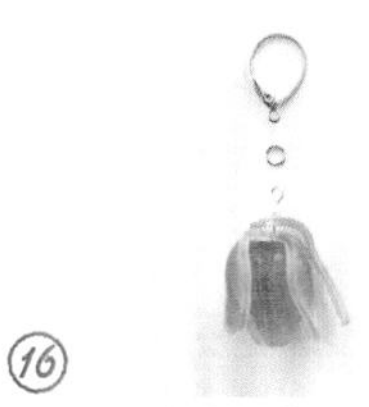

⑯ 以C圈連接步驟⑮＆耳環五金，完成（參照P.9）！

非洲菊髮夾

於磨砂過的透明熱縮片上，
以色鉛筆描繪的圖案顯得特別鮮明。

在金色鏤空配件的襯托之下，
散發出一股高貴的氣息。
不妨試著體驗看看花&葉之間
色彩組合的樂趣吧……

材料（※1組）
- 厚0.3mm透明熱縮片 8×8cm×1片
  10×9cm×2片
- 直徑10mm鏤空配件（金色：八瓣花）…1個
- 法式彈簧髮夾五金60mm…1支

著色工具 作品59／色鉛筆（淺紫色）・粉彩條（黃綠色）、作品60／色鉛筆（淺橘色）・油性馬克筆（黑色）

工具 砂紙、錐子、廚房紙巾、剪刀、美工刀、烤箱、手套、接著劑、熱熔槍

原寸紙型

作品59・60（P.56）

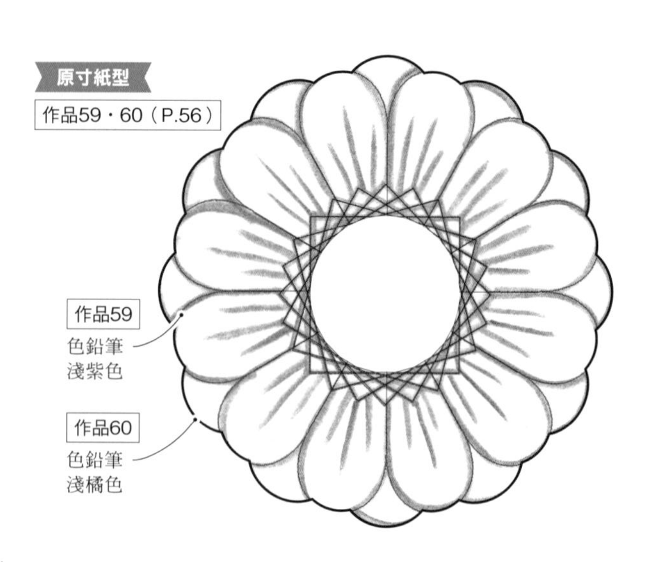

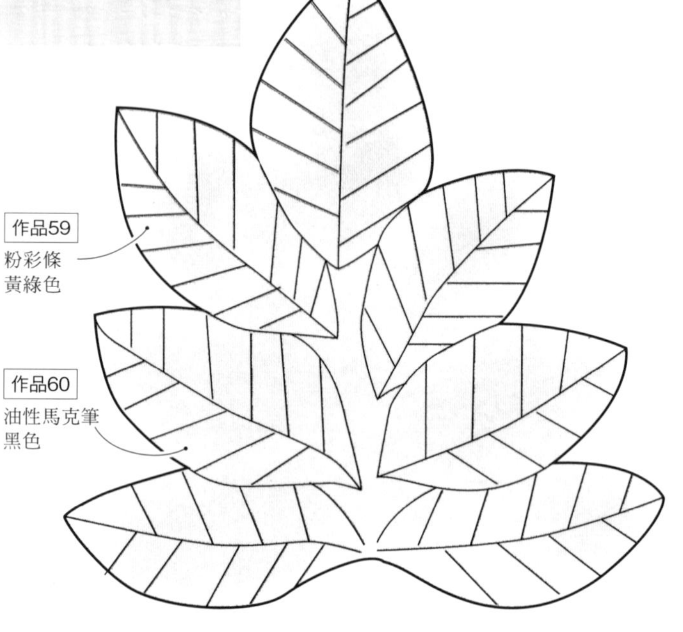

 飾品配件協力／貴和製作所

將磨砂處理（參照P.8）過的透明熱縮片疊放在花的紙型上，以色鉛筆描繪全部的線條。

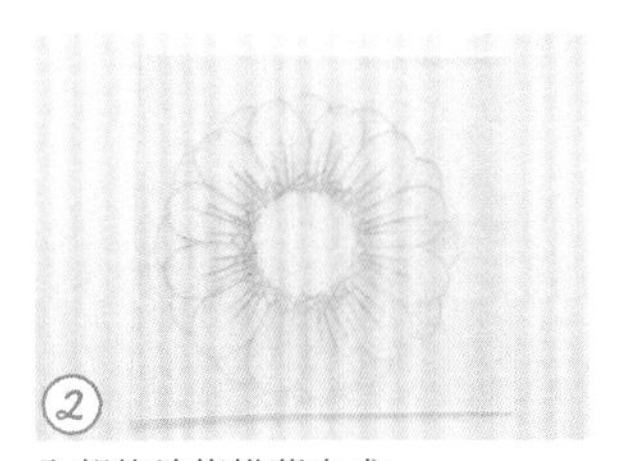

全部的線條描摹完成。

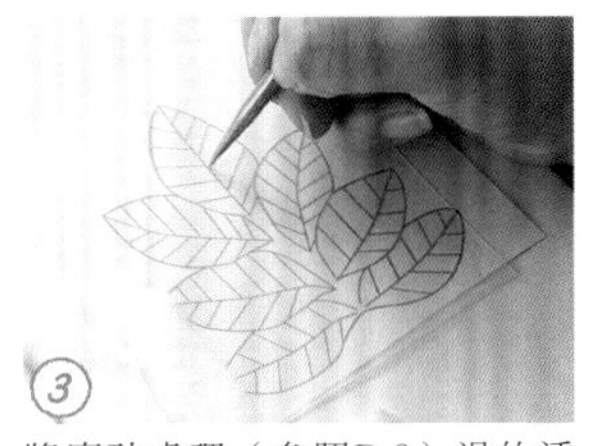

將磨砂處理（參照P.8）過的透明熱縮片疊放在葉子的紙型上，以錐子描劃全部的線條。

全部的線條描摹完成。

以美工刀刮取黃綠色的粉彩條，使色粉落在步驟④上。

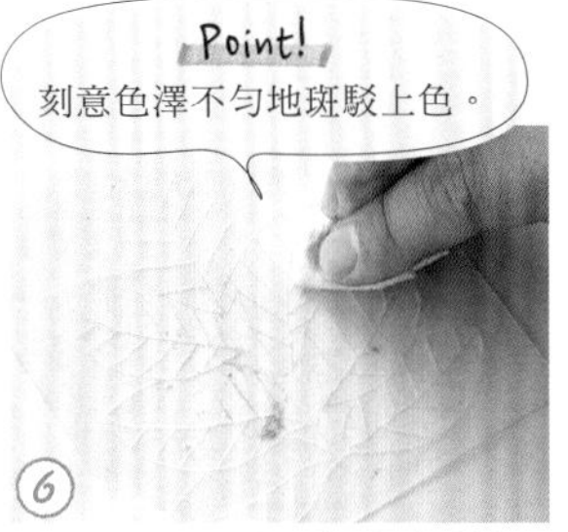

取廚房紙巾以畫圓的方式磨拭，將色粉擦拭進去。（作品60以P.10作法著色）。

花朵是使用剪刀以保留輪廓線的方式裁剪，葉子則是沿著輪廓線的內側裁剪（參照P.8）。共製作1片花朵＆2片葉子。

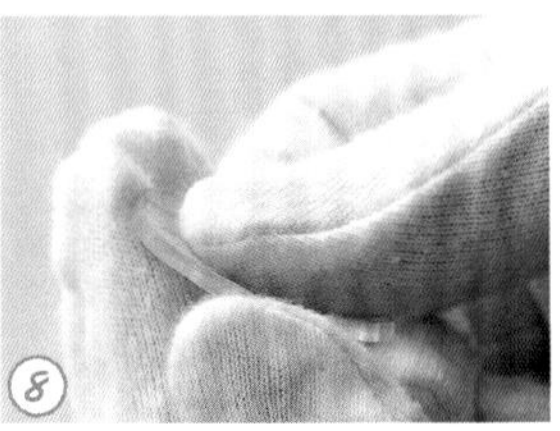

以烤箱加熱花朵，並於取出後立刻將著色面朝上，以指腹微微塑彎使其凹成窪狀（參照P.9）。

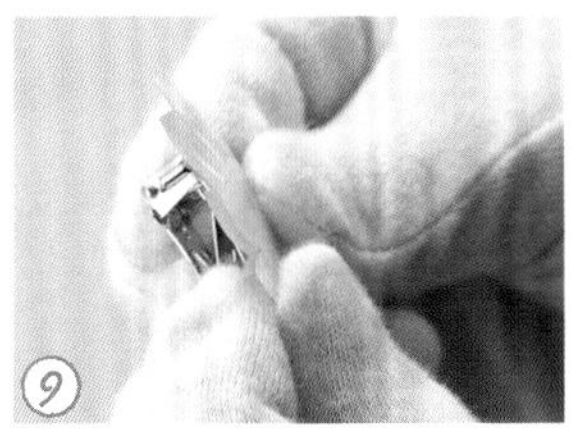

以相同方式加熱葉子，並於取出後立刻將光滑面朝上（著色面朝下），緩緩施力使其沿著髮夾的弧面彎曲。

1片花朵＆2片葉子完成。

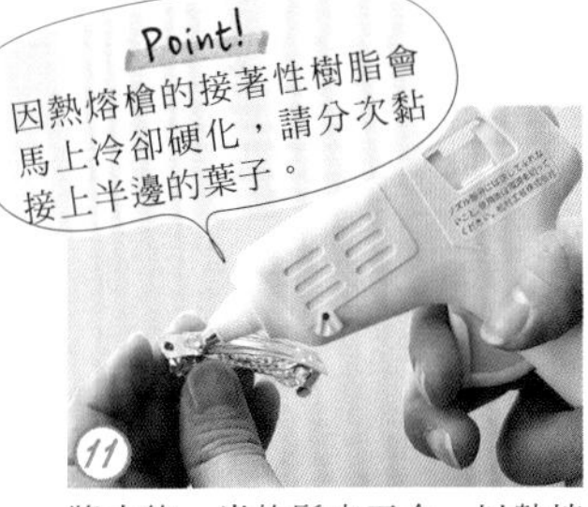

將大約一半的髮夾五金，以熱熔槍塗上熱熔膠。

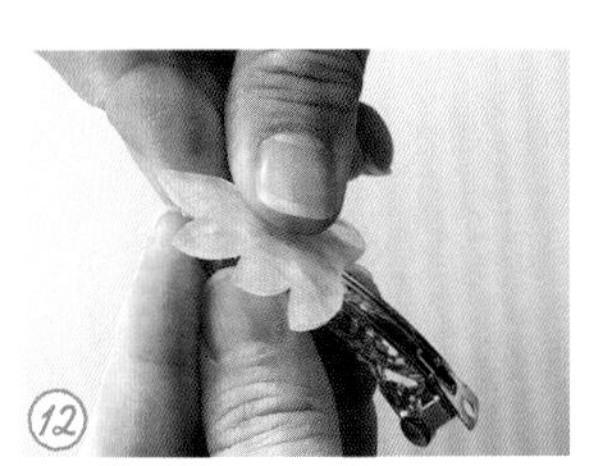

黏上葉子配件。

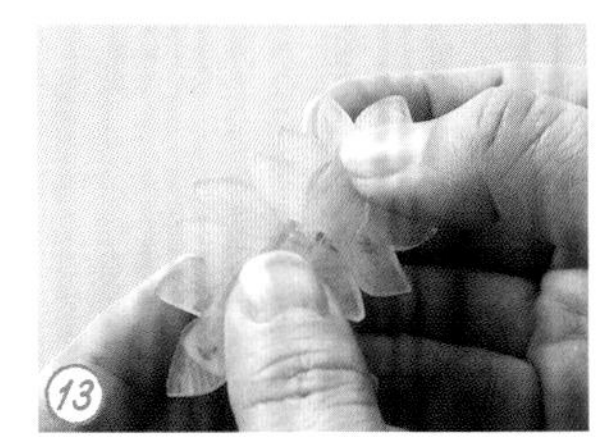

稍微挪動另一邊的葉子，以便使兩片葉根的凹處（呈S字形）契合，並以相同方式黏接上去。

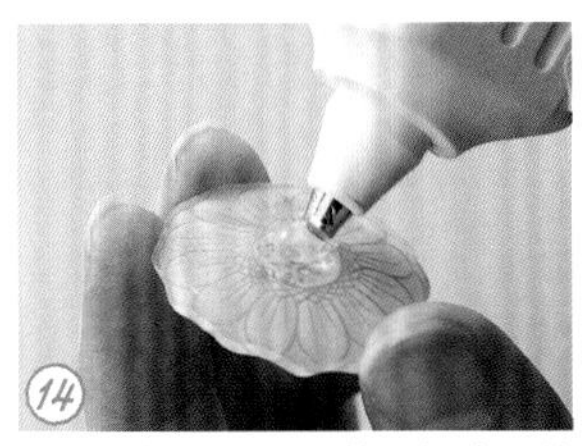

在花朵的背面，以熱熔槍塗上熱熔膠。

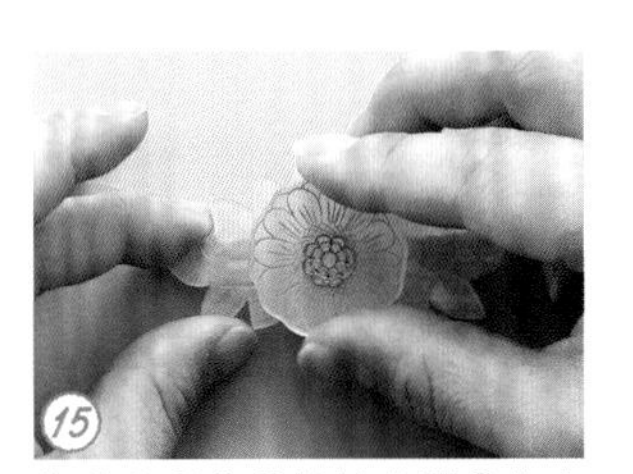

將花朵配件黏接於步驟⑬的中心，並將鏤空配件以接著劑黏接在花朵中心。

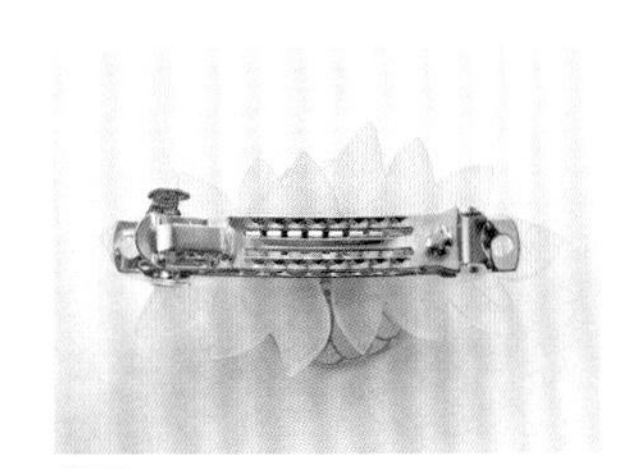

背面。

原寸成品

附珍珠的大麗菊胸針

將四片大小不同的花瓣加熱後，
將其塑彎＆以接著劑黏在一起。
以紅色＆紫色的油性馬克筆
刻意殘留條紋來上色為其重點。

材料
- 厚0.2mm透明熱縮片邊長 7・9・11・13cm的正方形×各1片
- 直徑6mm珍珠（消光淺駝白）…5顆
- C圈 0.7×4mm（金色）…8個
- 9針 0.7×45mm（金色）…1支
- 胸針 18×27mm（菊座胸針：金色）…1支
- 直徑10mm鏤空配件（金色：菊座花蓋）…1個

着色用具 油性馬克筆（紫色・紅色）

道具 砂紙、錐子、廚房紙巾、剪刀、平口鉗、圓嘴鉗、斜口鉗、烤箱、手套、接著劑

原寸紙型…P.59

① 將磨砂處理（參照P.8）過的透明熱縮片疊放在紙型上，以錐子描劃花的輪廓。※將紙型自中心線左右翻轉之後，即可描摹出另外半邊。

② 以剪刀沿著輪廓線內側裁剪（參照P.8）。

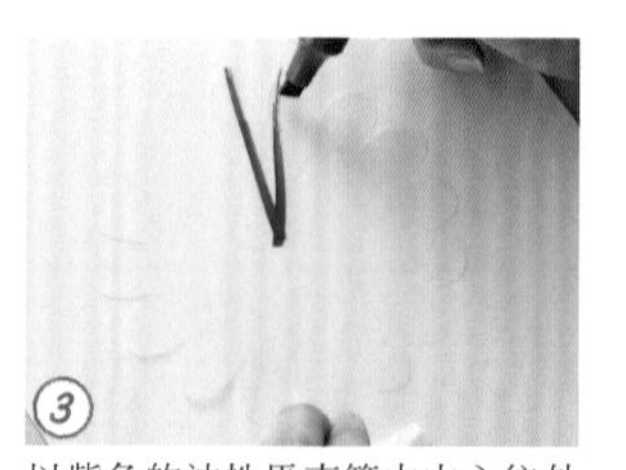
③ 以紫色的油性馬克筆由中心往外側上色。

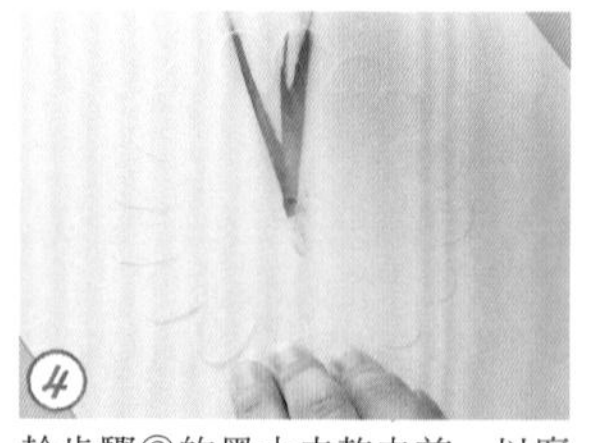
④ 趁步驟③的墨水未乾之前，以廚房紙巾由中心往外側擦拭暈染。

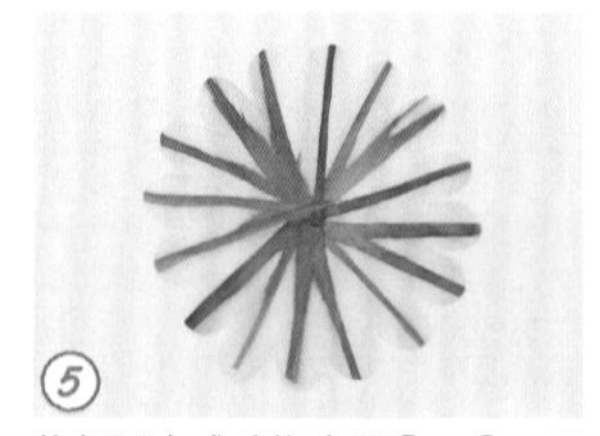
⑤ 依相同方式重複步驟③・④，呈放射狀地描繪紫色線條。

⑥ 以紅色的油性馬克筆，同樣呈放射狀地上色，並以廚房紙巾暈染。

⑦ 也可以重疊在紫色的線條上，殘留些微條紋或變色殘影的效果更好。

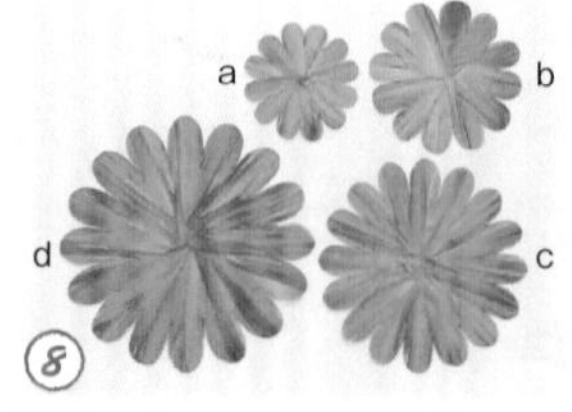

⑧ 花瓣a・b・c・d各製作1片。

 飾品配件協力／藤久株式會社

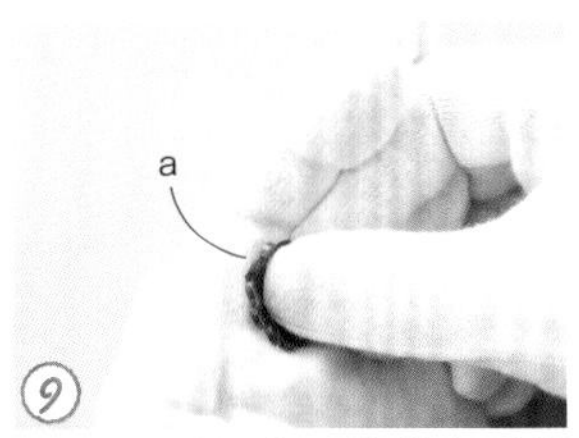

⑨ 以烤箱加熱a後，將著色面朝下，以手掌＆另一隻手的拇指指腹，稍微凹成窪狀（參照P.9）。

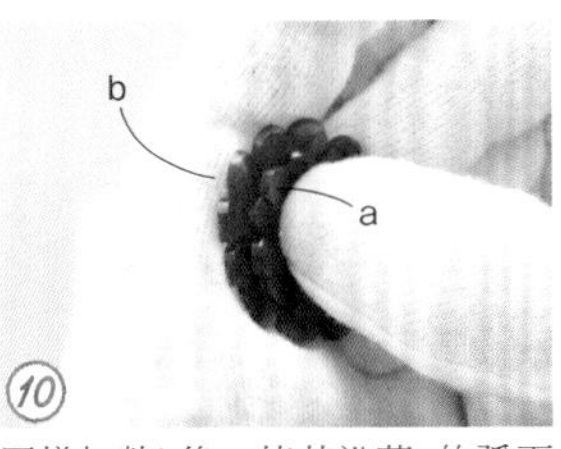

⑩ 同樣加熱b後，使其沿著a的弧面凹成窪狀。

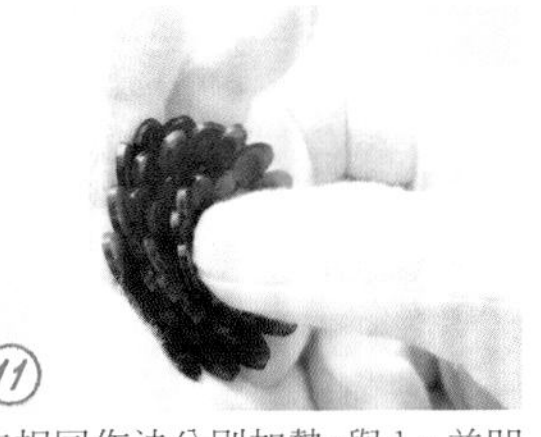

⑪ 依相同作法分別加熱c與d，並凹成窪狀。

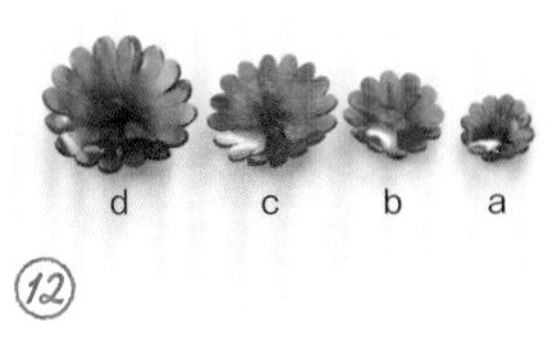

⑫ 花瓣配件a・b・c・d完成。

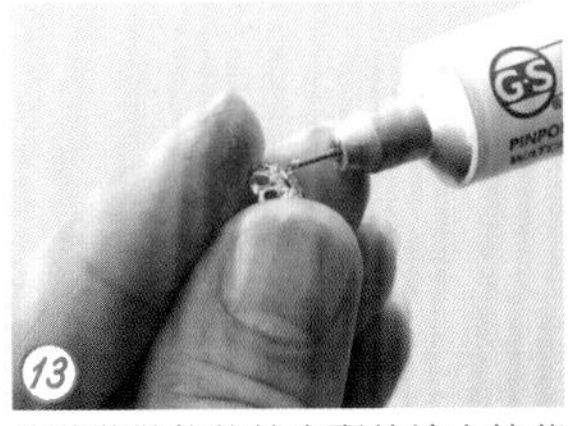

⑬ 將花蕊裝飾的鏤空配件塗上接著劑。

⑭ 將鏤空配件黏接在花瓣a的中央。

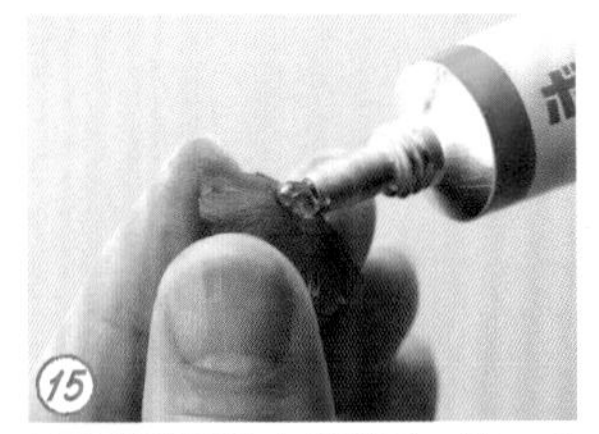

⑮ 於花瓣背面塗上接著劑，依a・b・c・d的順序接黏。

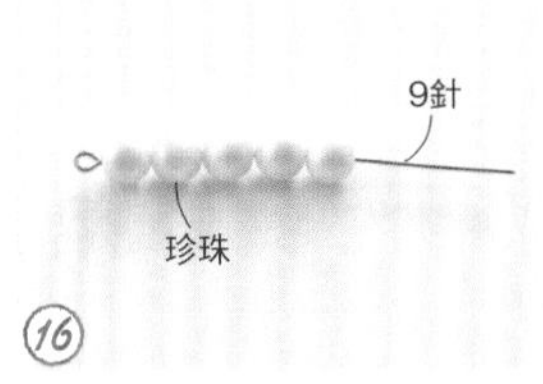

⑯ 將5顆珍珠穿入9針中。

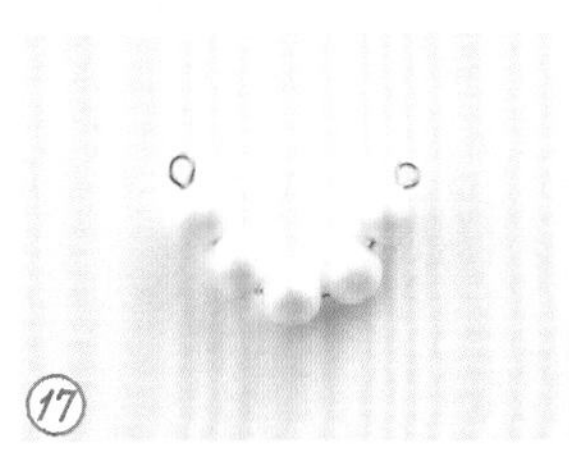

⑰ 將9針的前端拉緊＆剪去多餘的部分，再將前端摺彎繞圓，使整體塑彎成弧形。

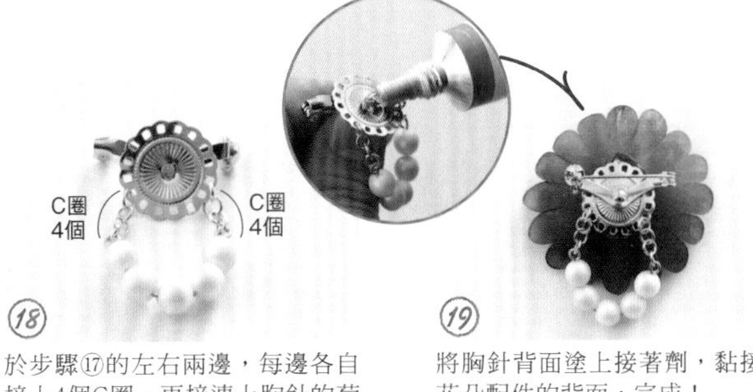

⑱ 於步驟⑰的左右兩邊，每邊各自接上4個C圈，再接連上胸針的菊座部分。

⑲ 將胸針背面塗上接著劑，黏接在花朵配件的背面，完成！
完成尺寸／直徑約4.5cm

物大型紙

作品61（P.58）

白三葉草耳環

將已裁切好的圓形熱縮片
分別加熱後，
以T針為花蕊，
一邊緊捏成圓弧形，一邊層疊接合。

作品62 Lesson

將磨砂處理（參照P.8）過的透明熱縮片疊放在紙型上，以錐子描劃輪廓＆裁切線。

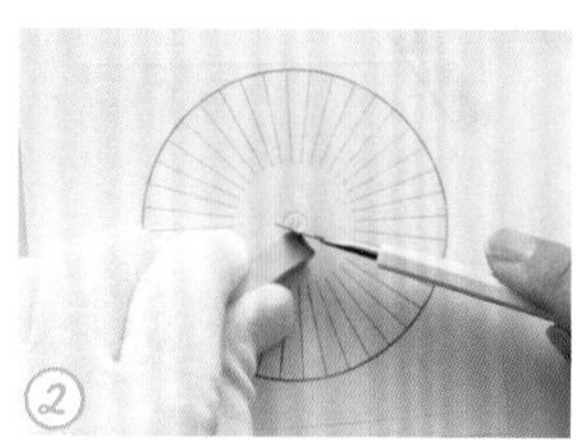

以美工刀刮粉彩條，使色粉落在中心處。

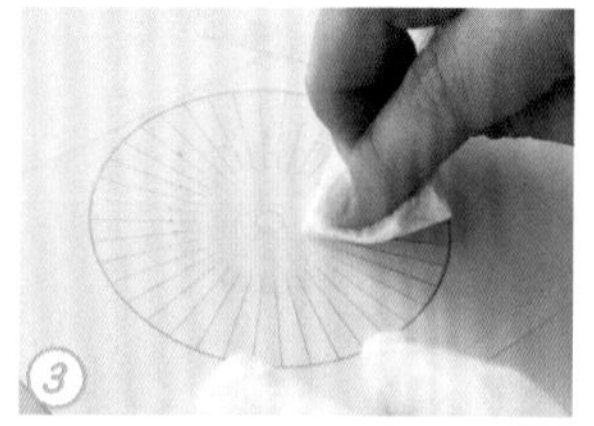

取廚房紙巾以中心處為主（周圍留白），以畫圓的方式磨拭，將色粉擦拭進去。

62

材料（※1組）
- 厚0.2mm透明熱縮片 6×6cm×1片、9×9cm×3片
- 直徑4mm捷克珠（圓形珠：黃綠色）…4顆
- C圈 0.7×4mm（金色）…2個
- T針 0.7×45mm（金色）…2支
- 耳針五金（附後束之耳針：金色）…1組

著色工具 粉彩條（淺黃綠色）

工具 砂紙、錐子、廚房紙巾、剪刀、美工刀、平口鉗、圓嘴鉗、斜口鉗、烤箱、手套

原寸紙型…P.61

 飾品配件協力／貴和製作所

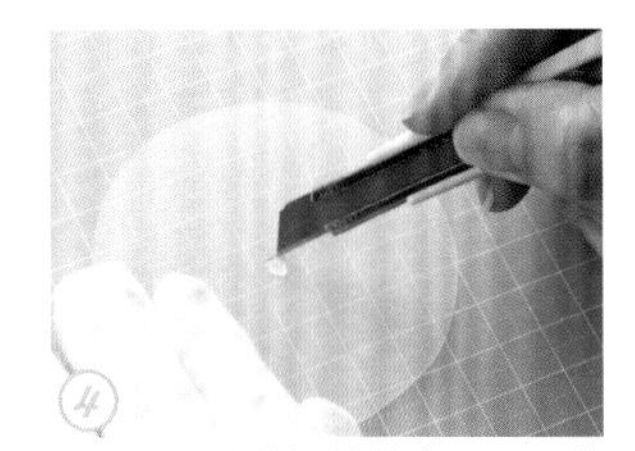

④ 以剪刀裁剪外側的輪廓，並以美工刀鏤空內側的圓。

⑤ 以剪刀依步驟①中的記號裁剪。

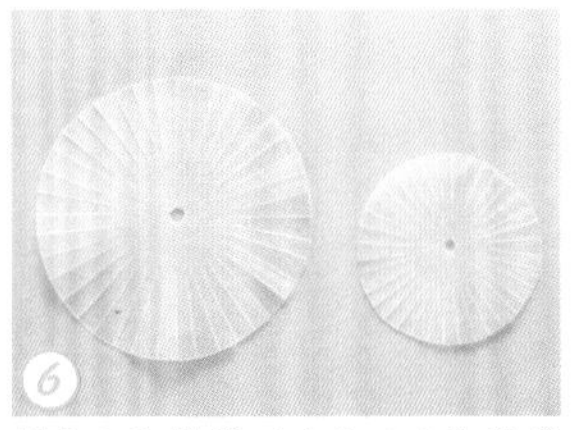

⑥ 製作3片花瓣（大）&1片花瓣（小）。

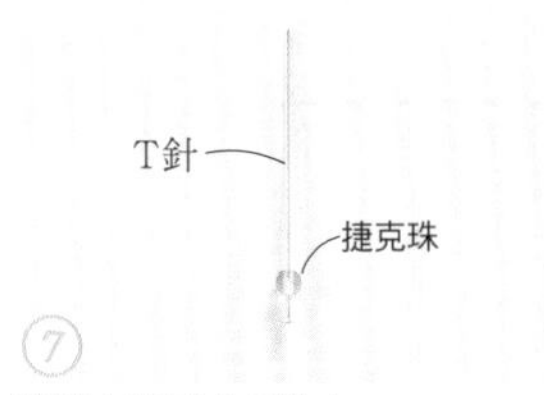

⑦ 將捷克珠穿入T針中。

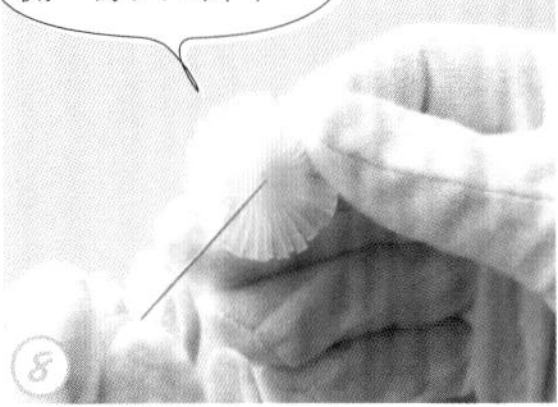

⑧ 以烤箱加熱步驟⑥的大花瓣（參照P.9）後，穿入步驟⑦的T針。

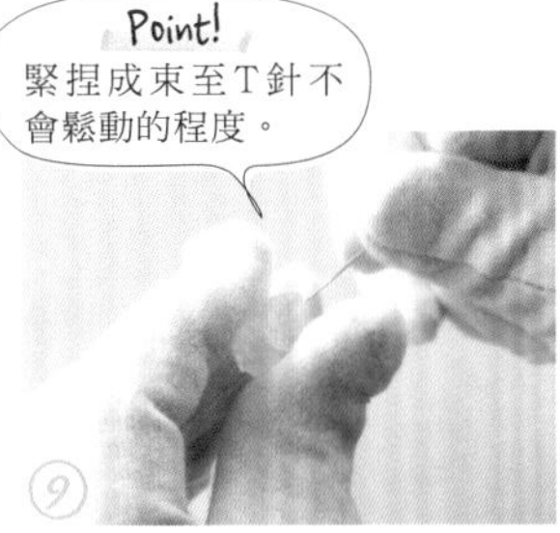

⑨ 將已裁剪開來的花瓣前端緊捏成束，使T針頂端&珍珠固定於花片根部。

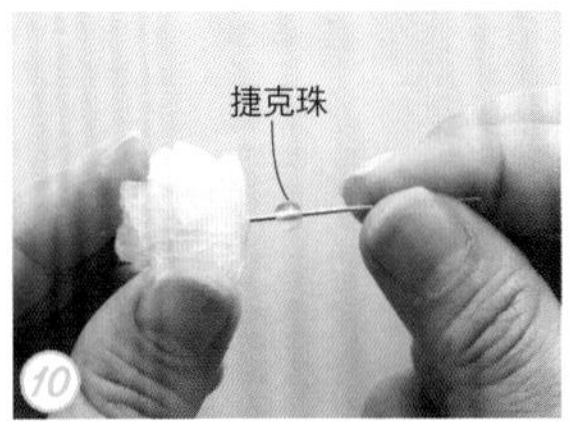

⑩ 依3片大花瓣→1片小花瓣的順序穿入，並重複步驟⑧・⑨作法。最後再穿入捷克珠。

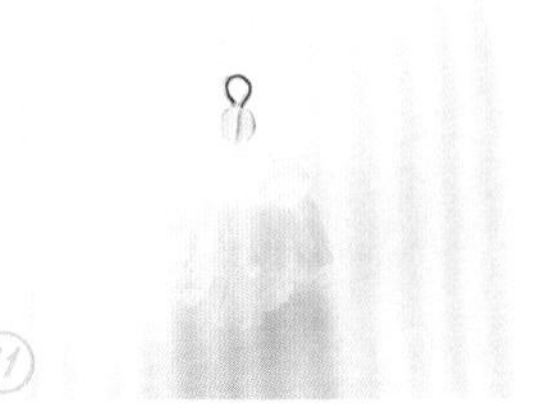

⑪ 將T針的前端拉緊&剪去多餘的部分，再將前端摺彎繞圓。

C圈
耳針五金

⑫ 以C圈連接步驟⑪&耳針五金，完成！

原寸成品

原寸紙型

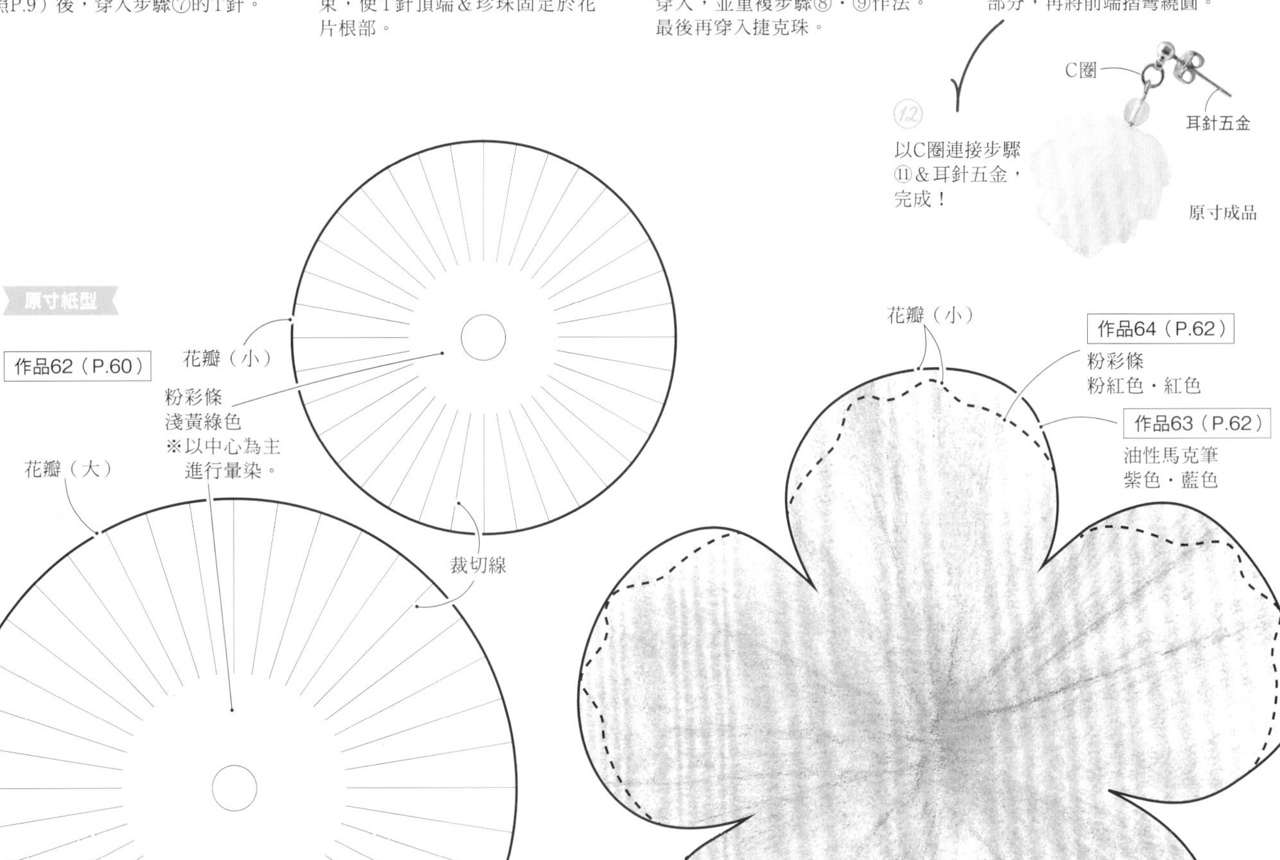

光澤藍＆柔霧粉胸花

著色面一經加熱，
就會呈現出粉嫩霧面的質感；
其相反側則以光滑亮澤感為特點。

為了搭配藍色胸花光滑亮澤的表面，
而將水晶貼鑽
以UV膠黏貼在花蕊上。

粉紅色胸花則點綴上
與粉嫩霧面質感相輝映的
珍珠飾珠……

材料

【作品63】
- 厚0.2mm透明熱縮片 11×11cm×1片 13×13cm×1片
- 水晶貼鑽（黃綠色・藍綠色・銀色）…各6至9顆
- 胸針33mm（圓皿・焊髮夾胸針台：鍍鎳）…1個

【作品64】
- 厚0.2mm透明熱縮片 11×11cm×1片 13×13cm×2片
- 直徑2.5mm半圓珍珠（貼飾用）…10至11顆
- 直徑6mm半圓珍珠（貼飾用）…1顆
- 胸針33mm（圓皿・焊髮夾胸針台：鍍鎳）…1個

著色工具 作品63／油性馬克筆（紫色・藍色）・UV膠、作品64／粉彩條（粉紅色・深粉紅色）

工具 砂紙、錐子、廚房紙巾、剪刀、美工刀・鑷子（作品64）、UV照射器（作品63）、烤箱、手套、接著劑

原寸紙型…P.61・P.79

作品63 Lesson

① 將磨砂處理（參照P.8）過的透明熱縮片疊放在紙型上，以錐子描劃輪廓。

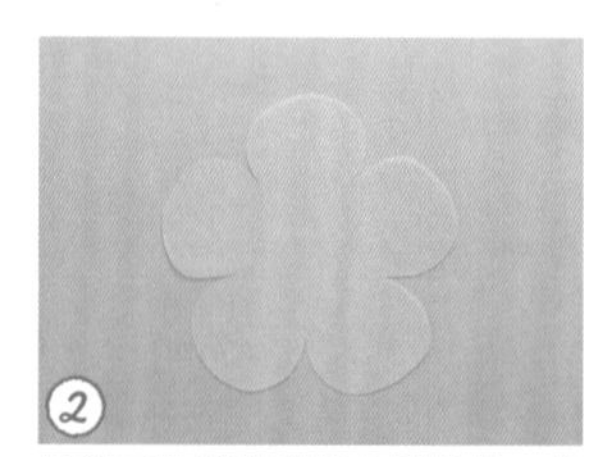

② 以剪刀沿著輪廓線內側裁剪，並在已磨砂處理過的面上著色。

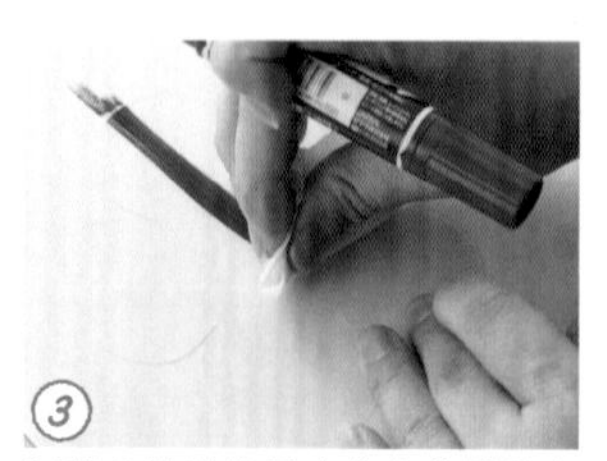

③ 以紫色的油性馬克筆在花瓣的中央描繪線條，並趁墨水未乾之前，以廚房紙巾由中心往外擦拭暈染。

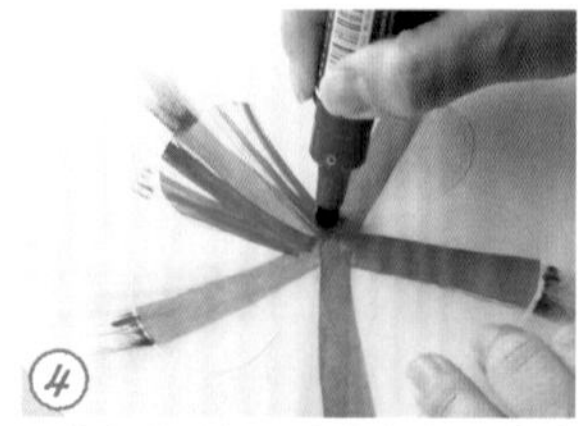

④ 以藍色的油性馬克筆依相同方式上色，由中心往外地將剩餘的留白部分塗滿。

⑤ 趁墨水未乾之前，快速地以廚房紙巾由中心往外暈染。

⑥ 大・小花瓣各製作1片。

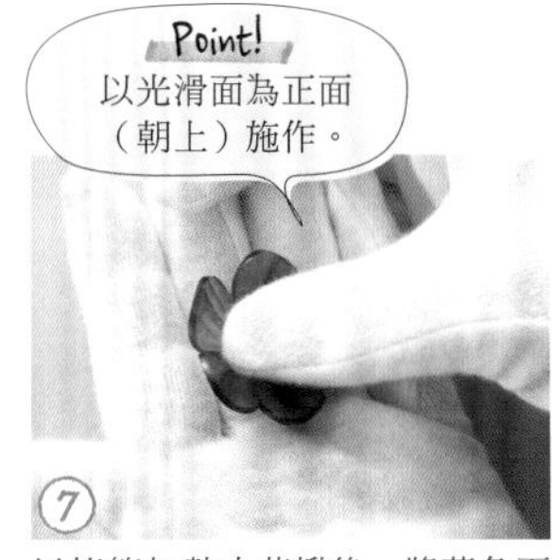

⑦ 以烤箱加熱小花瓣後，將著色面朝下，以手掌＆另一隻手的拇指指腹，施力凹成窪狀（參照P.9）。

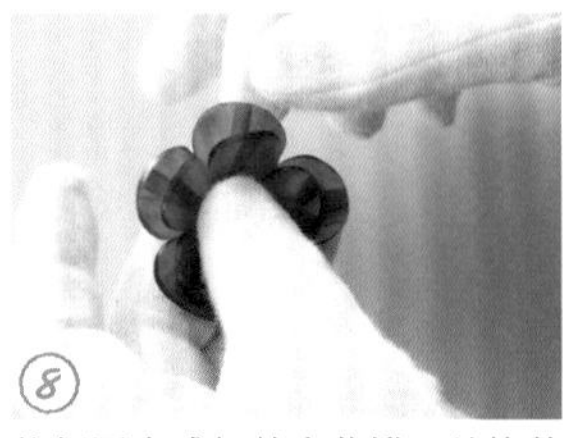

⑧ 依相同方式加熱大花瓣，並使其沿著步驟⑦小花瓣的弧面凹成窪狀。

⑨ 大・小花瓣配件各完成1片。

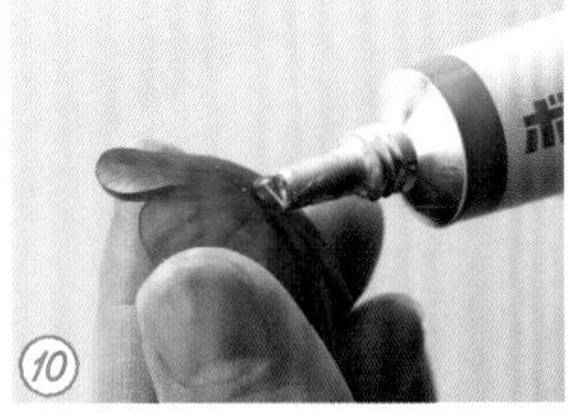

⑩ 將小花瓣的背面塗上接著劑，疊放＆黏接在大花瓣上。

⑪ 將花蕊處塗上UV膠液。

⑫ 將水晶貼鑽黏在錐子尖端，再貼於花蕊上。以UV照射器使其硬化。

⑬ 將胸針的背面塗上接著劑後，黏在花朵配件的背面，完成！
完成尺寸／直徑約4.5cm

作品64 Lesson

① 以作品63的步驟①相同作法描摹紙型，並以剪刀沿著輪廓線內側裁剪。

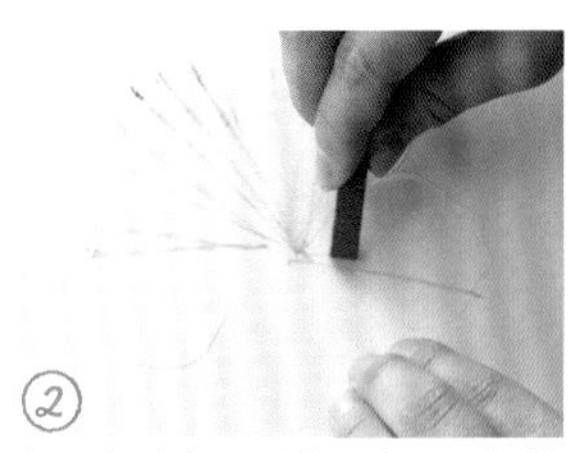

② 在已磨砂處理過的面上，以深粉紅色的粉彩條由中心往外，放射狀地描繪線條。

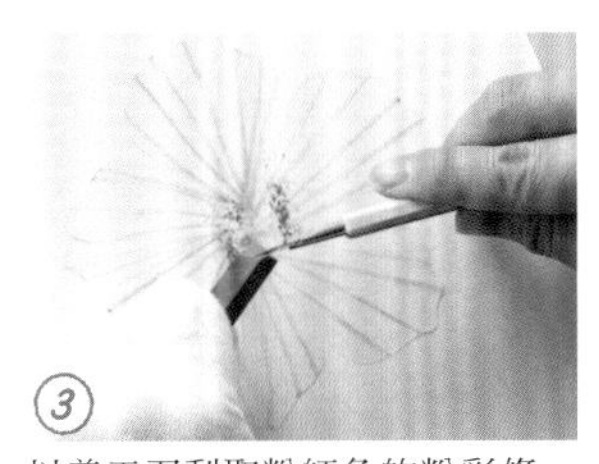

③ 以美工刀刮取粉紅色的粉彩條，使色粉落在花瓣中心。

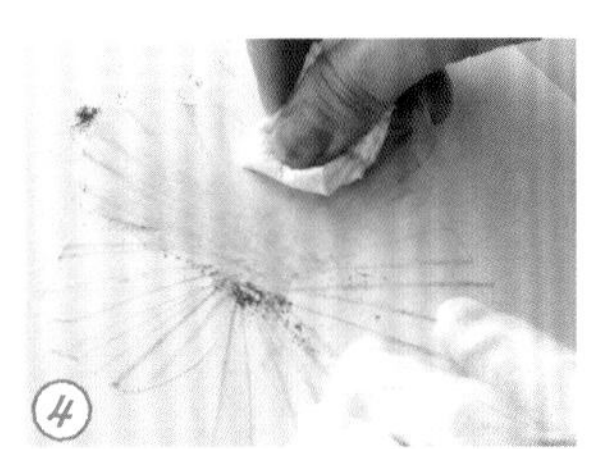

④ 取廚房紙巾，一邊以畫圓的方式推抹暈開，一邊將色粉擦拭進去。

⑤ 大・小花瓣各製作1片。

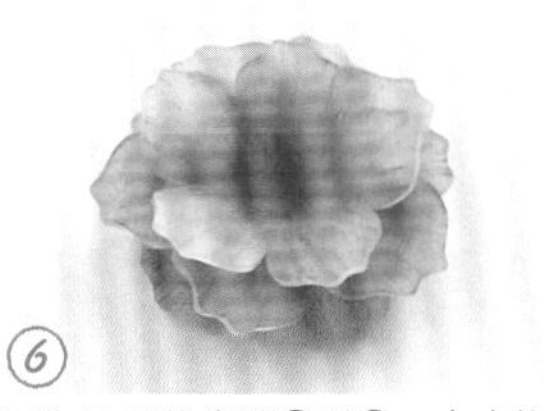

⑥ 同作品63的步驟⑦至⑩，由小片花瓣開始依序加熱後塑彎，並將各層花瓣輪流錯開，將其黏合在一起。

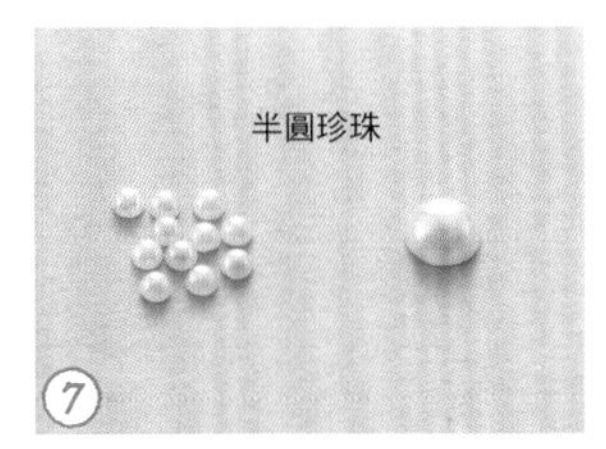

⑦ 準備貼飾用的半圓珍珠。

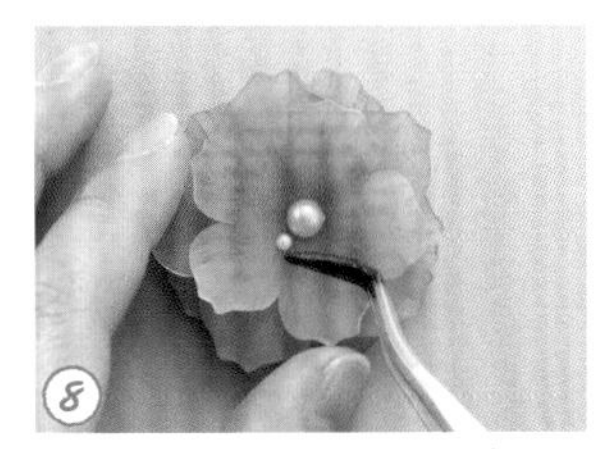

⑧ 先以接著劑將較大的半圓珍珠貼在中心位置，再一顆一顆地黏接上周圍的小珍珠。

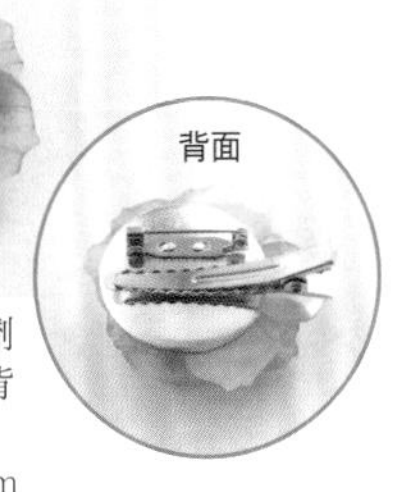

⑨ 將胸針背面塗上接著劑後，黏在花朵配件的背面，完成！
完成尺寸／直徑約4.5cm

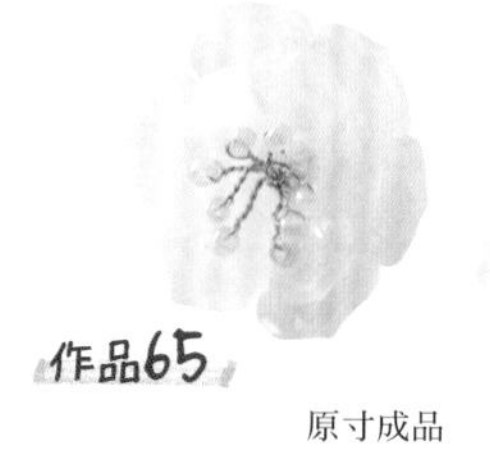

作品65　原寸成品　作品66

聖誕玫瑰耳環＆戒指

在已磨砂處理過的透明熱縮片上，
以白色的色鉛筆描繪出花朵的脈紋。
並以可愛的銅絲線飾創作，
添飾上串珠的花蕊……

材料

【作品65・66通用　※1朵】
- 厚0.2mm透明熱縮片 6×6cm・8×8cm 各1片
- 小圓珠（淺水藍）…8顆
- 銅絲線＃30（金色）…25cm

【作品65】
- 耳針五金（附後束之耳針：金色）…1組

【作品66】
- 戒台（8mm圓片戒托：金色）…1只

著色工具　色鉛筆（白色）

工具　砂紙、錐子、剪刀、美工刀、平口鉗、圓嘴鉗、斜口鉗、烤箱、手套、接著劑

原寸紙型…P.65

作品65・66 Lesson

①將磨砂處理（參照P.8）過的透明熱縮片疊放在紙型上，以錐子描劃輪廓。

②以白色的色鉛筆描繪花朵的脈紋。

③以剪刀裁剪輪廓的內側，並僅於小花瓣的中心，以美工刀鏤空挖洞（參照P.8）。大・小花瓣各製作1片。

Point!
以光滑面為正面（朝上）施作。

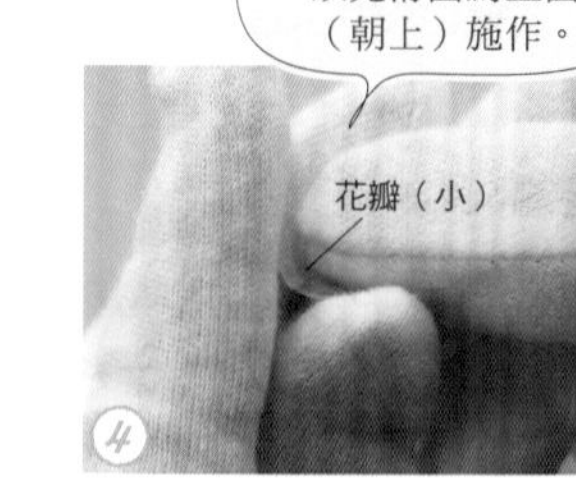

④以烤箱加熱步驟③的小花瓣，並使著色面朝下，以指腹將中心凹成窪狀（參照P.9）。

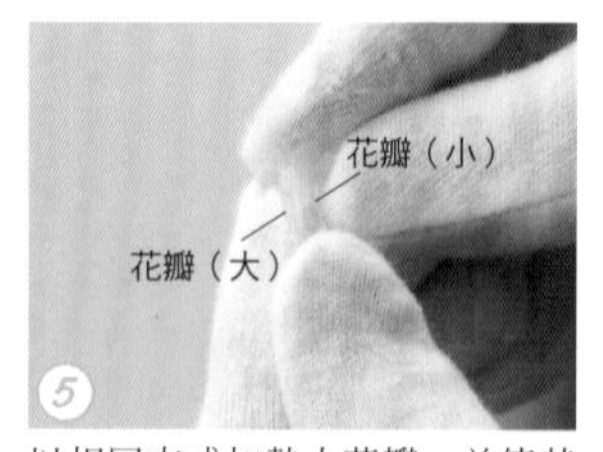

⑤以相同方式加熱大花瓣，並使其沿著步驟④小花瓣的弧面凹成窪狀。

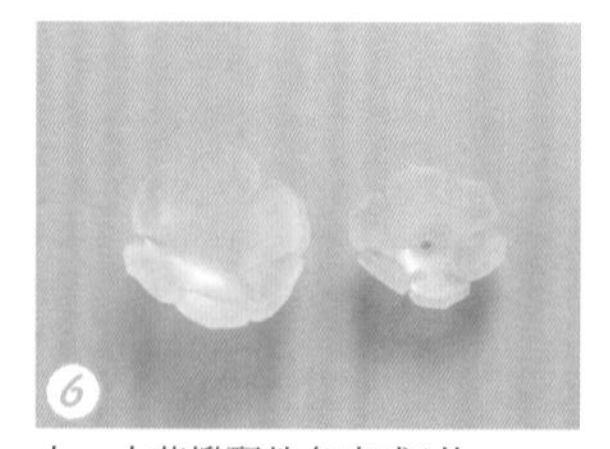

⑥大・小花瓣配件各完成1片。

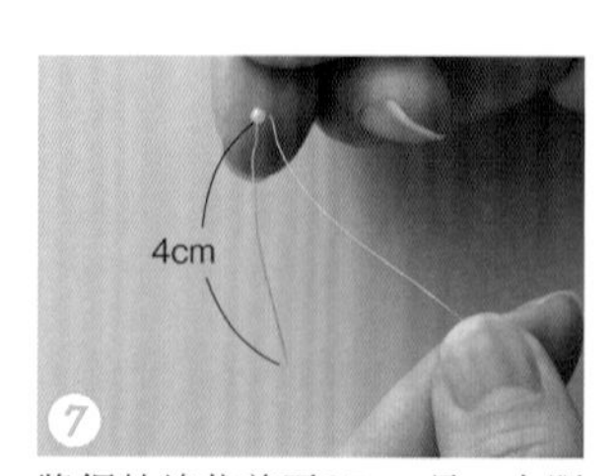

⑦將銅絲線裁剪至25cm長，在距離邊端4cm處將其摺彎，穿入1顆小圓珠。

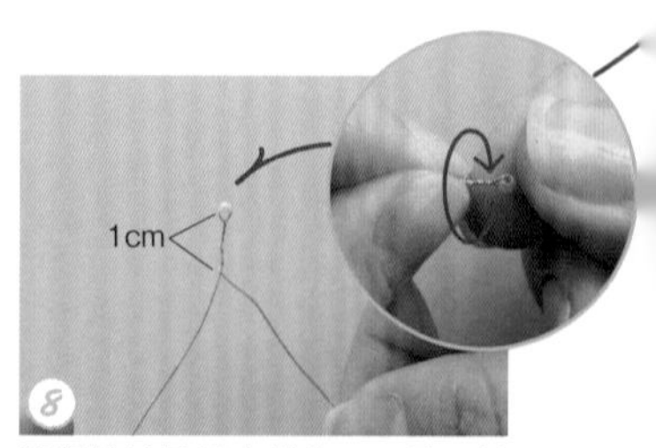

⑧將銅絲線扭轉交纏約1cm長，以便固定串珠的尾端。

　飾品配件協力／貴和製作所

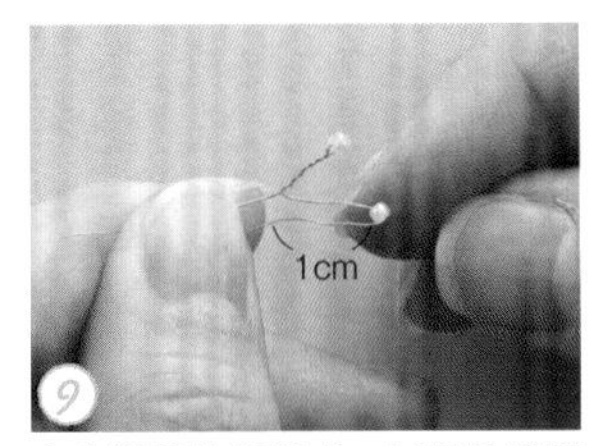

在步驟⑧的鄰近處，以銅絲線製作約1cm的摺山，並穿入1顆小圓珠。

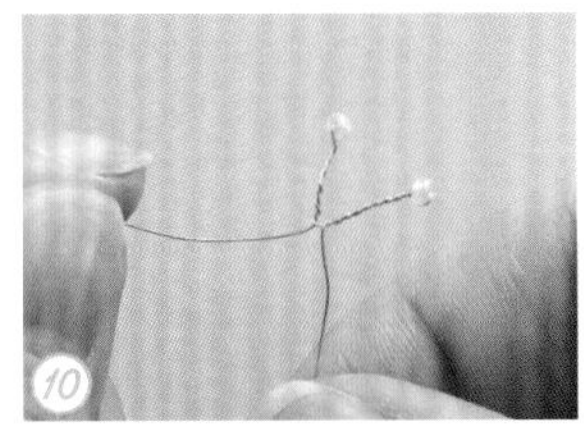

以步驟⑧相同作法扭轉串珠的尾端。

Point!
若力道太強恐會扭斷銅絲線，請多加注意！

串珠尾端太過鬆動時，可以以平口鉗夾住扭轉，以固定串珠。

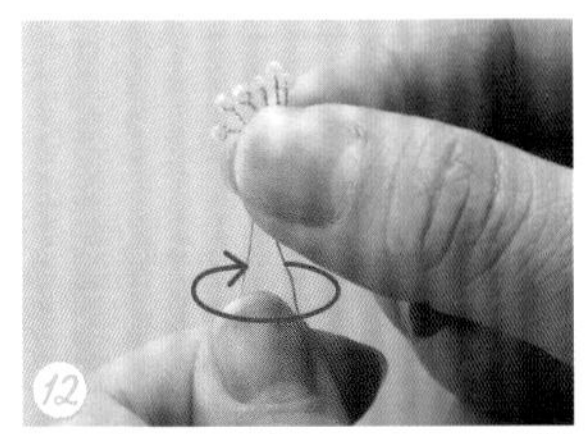

重複步驟⑨至⑪，以相同方式製作8根串珠，最後再將尾端的銅絲線扭轉收束成1條。

以銅絲線飾創作，完成串珠花蕊。

將串珠平均地展開。

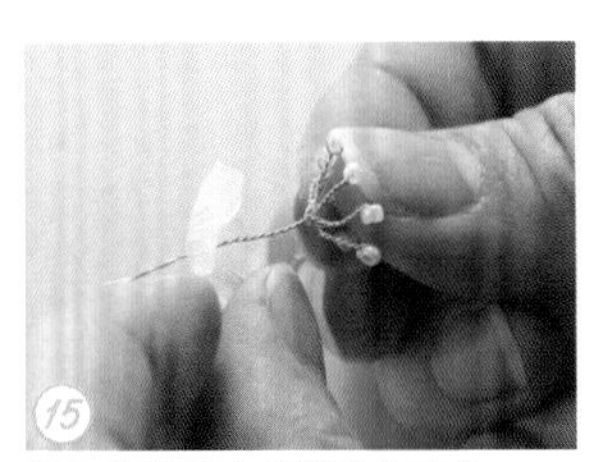

穿入步驟⑥小花瓣的穿孔中。

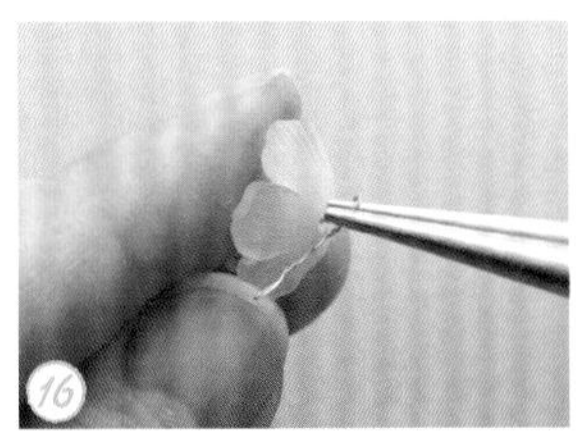

從背面以圓嘴鉗拉緊，並將銅絲線摺彎繞圓2至3次。

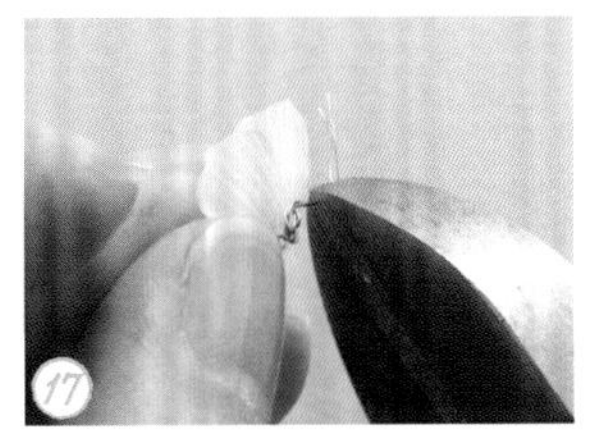

以斜口鉗剪去銅絲線的前端。

花瓣（小）背面的銅絲線處理完成。

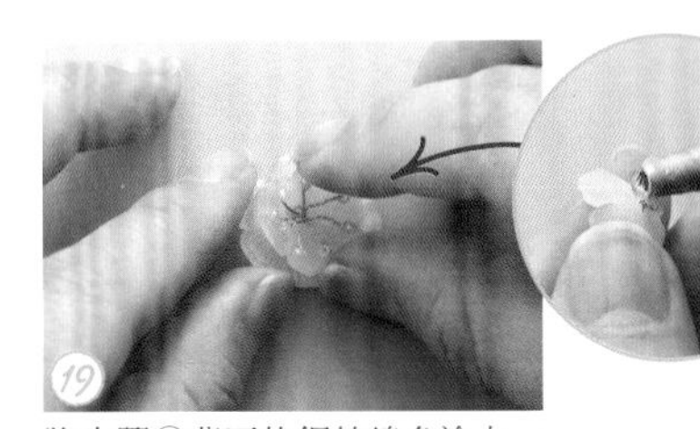

將步驟⑱背面的銅絲線多塗上一些接著劑，接黏在大花瓣上。

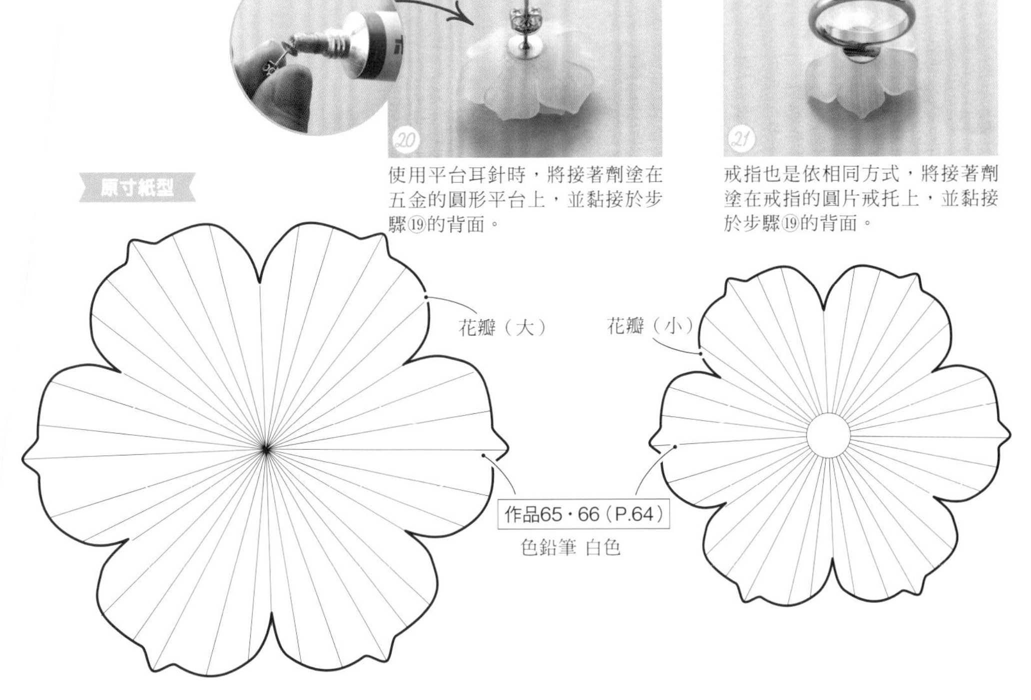

使用平台耳針時，將接著劑塗在五金的圓形平台上，並黏接於步驟⑲的背面。

戒指也是依相同方式，將接著劑塗在戒指的圓片戒托上，並黏接於步驟⑲的背面。

原寸成品

繡球花髮飾

以目前為止一再介紹的
暈染技法製作花朵，
並利用串珠的銅絲線飾創作，
纏繞&點綴於髮梳上。

材料
- 厚0.2mm透明熱縮片 6×6cm×3片
- 直徑3mm施華洛世奇水晶珠＃5328
…水藍色6顆、粉紅色2顆
- 銅絲線＃30（金色）…50cm
- 髮飾五金約35×38mm（10齒髮插：金色）…1支

著色工具 粉彩條（水藍色・粉紅色）、色鉛筆（粉紅色）

工具 砂紙、錐子、廚房紙巾、剪刀、美工刀、打洞機、圓嘴鉗、斜口鉗、烤箱、手套

原寸紙型…P.67

作品67 Lesson

① 將磨砂處理（參照P.8）過的透明熱縮片疊放在紙型上，以錐子描劃輪廓&條紋。

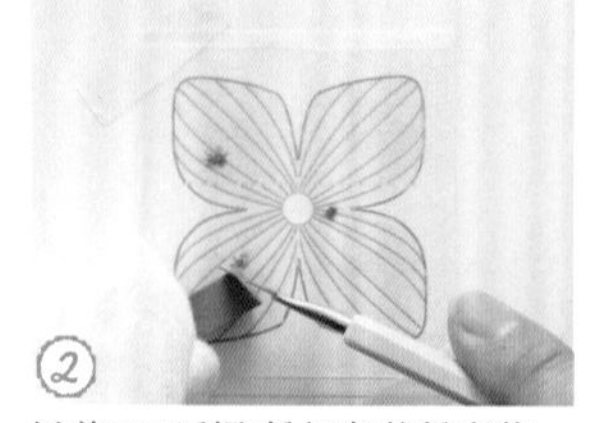

② 以美工刀刮取粉紅色的粉彩條，使色粉隨意地落在花瓣上。

③ 同樣刮取水藍色的粉彩條，使色粉隨意地落在花瓣上。

④ 取廚房紙巾，一邊以畫圓的方式推抹暈開，一邊局部混合2色粉彩，殘留斑駁&色澤不勻地將色粉擦拭進去。

⑤ 疊放在步驟④上，以粉紅色的色鉛筆描繪出花朵的脈紋。

⑥ 以剪刀沿著輪廓線內側裁剪，再以打洞機打洞（參照P.8）。以相同作法製作3片。

Point! 以光滑面為背面（外側）施作。

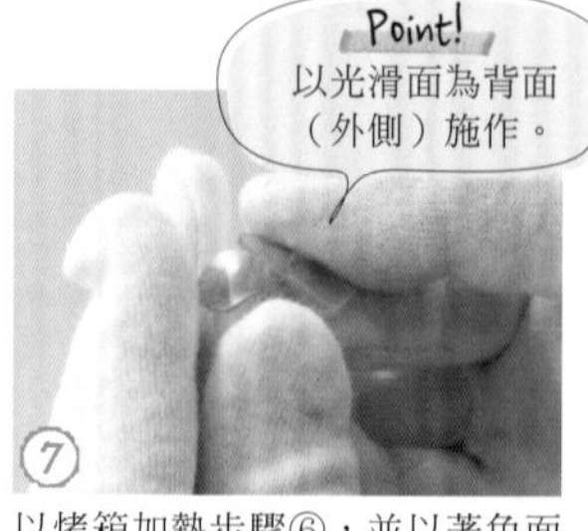

⑦ 以烤箱加熱步驟⑥，並以著色面為內側，以指腹將中心凹成窪狀（參照P.9）。

⑧ 完成3片花瓣配件。

 飾品配件協力／貴和製作所

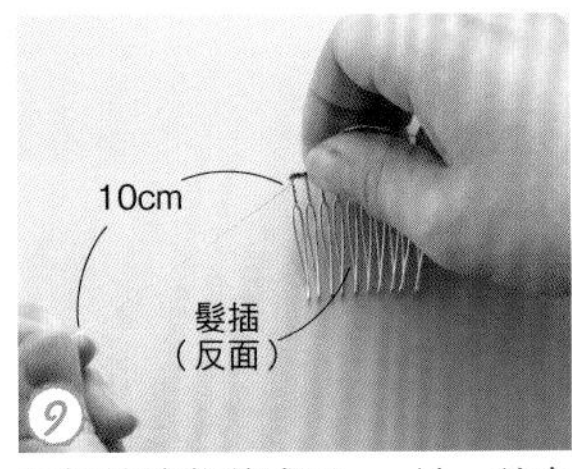

將銅絲線裁剪成50cm長，並在距離邊端10cm處，同時抓住髮插（反面的左側）＆銅絲線。

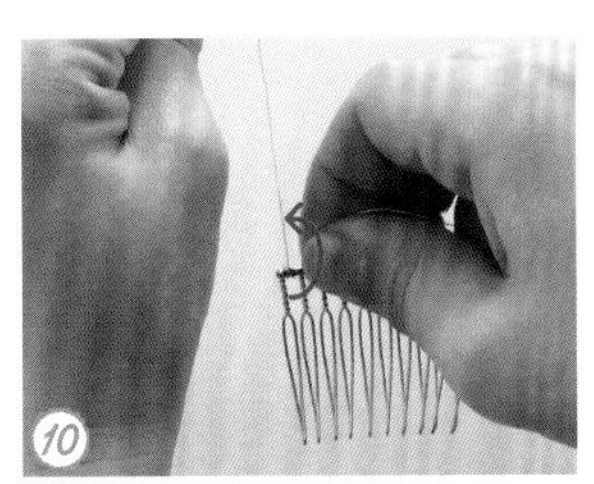

從髮插反面的左側齒梳之間開始，將銅絲線一層一層地纏繞在髮插的背脊上，大約5圈左右。

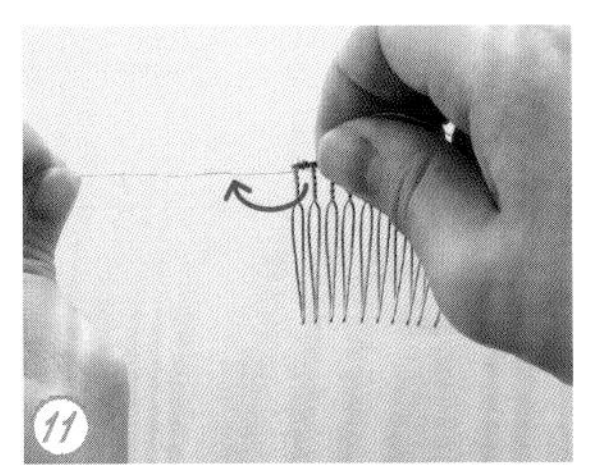

繼續將銅絲線纏繞在髮插反面的左側齒根處，大約10圈左右。

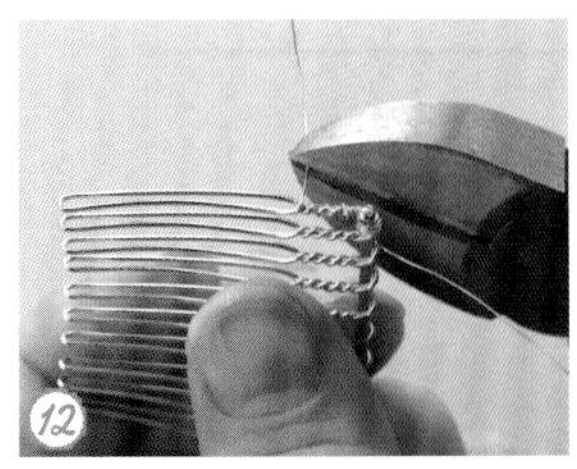

以斜口鉗剪斷較短側的銅絲線。

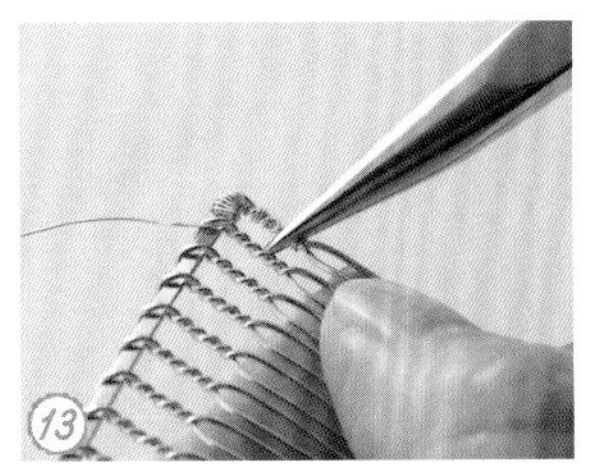

以圓嘴鉗將前端捆緊之後，再夾緊固定銅絲線的前端。

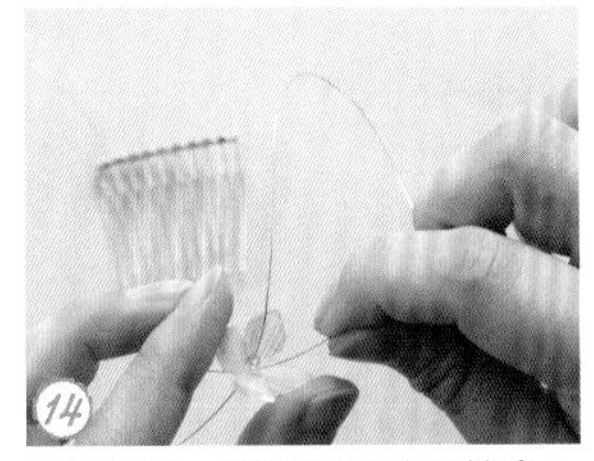

先從較長一邊的銅絲線前端穿入花瓣＆施華洛世奇水晶珠，再從花瓣中心的穿孔中穿出銅絲線。

將花朵固定在髮插正面的右側，拉緊銅絲線。

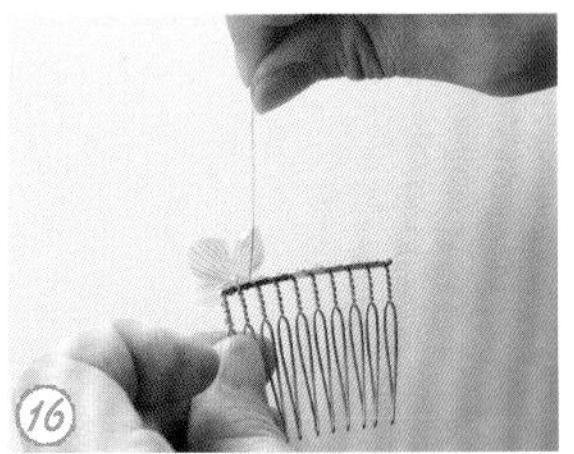

將銅絲線纏繞在髮插的背脊上2至3圈，以固定花瓣。

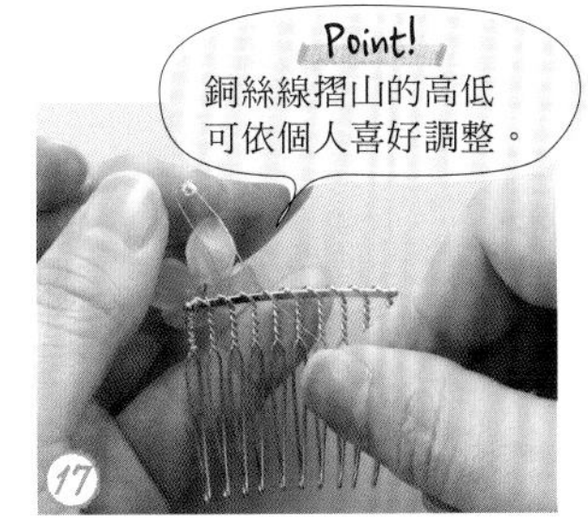

將銅絲線立起，製作約1.5cm的摺山＆穿入水藍色的施華洛世奇水晶珠，再將銅絲線扭轉交纏約1cm，以便固定串珠的尾端。

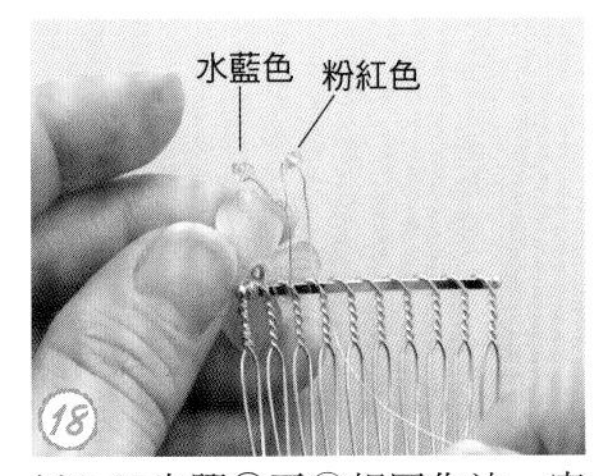

以P.65步驟⑨至⑪相同作法，穿入粉紅色的施華洛世奇水晶珠後，扭轉串珠＆銅絲線。

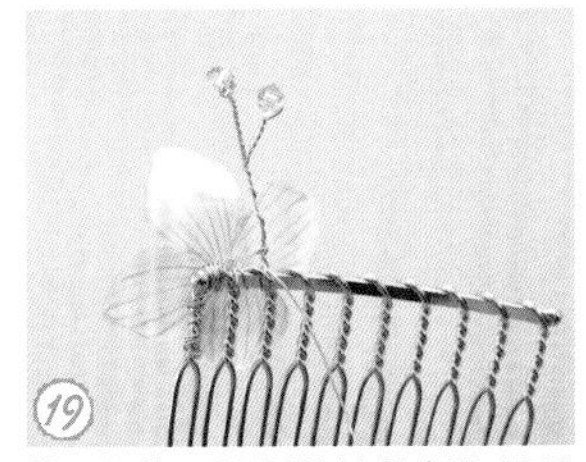

第1朵花＆以銅絲線飾創作的珠飾完成。第2朵花後方只有水藍色的施華洛世奇水晶珠，第3朵則與第1朵的作法相同。

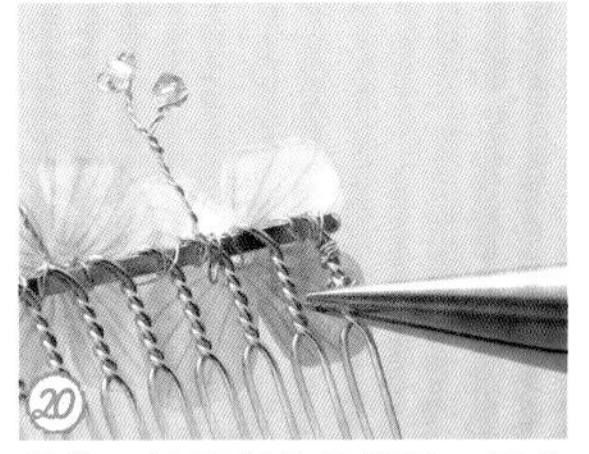

最後，以最初的步驟⑩・⑪作法，將銅絲線纏繞在髮插上，以斜口鉗剪斷多餘的部分，並以圓嘴鉗將前端夾緊固定。

正面

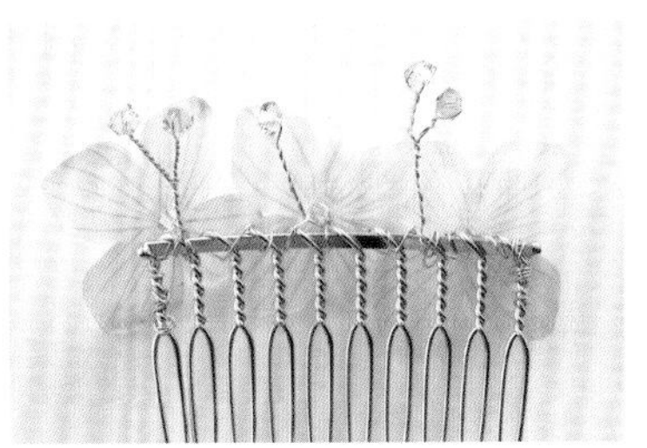

背面

原寸紙型

作品67（P.66）

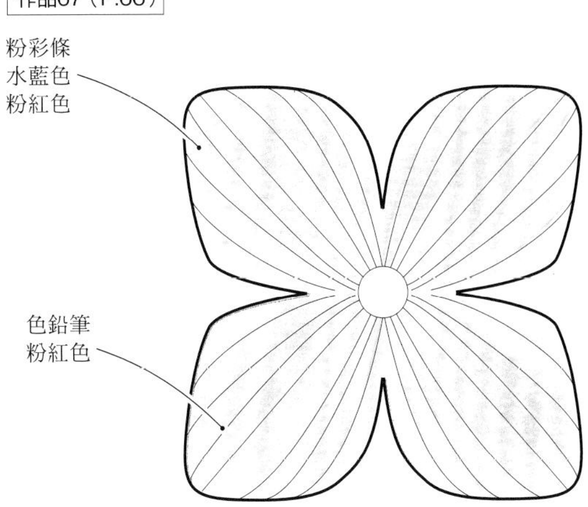

原寸成品

青花胸針

於蜂巢式胸針的金屬網片上，
以銅絲線纏繞上花＆葉的配件，
並調整至最佳的平衡配置。

68

材料

- 厚0.2mm透明熱縮片 9×9cm×1片
  6.5×6.5cm×3片、4×6cm×3片
- 直徑6mm捷克珠（奶油色）…3顆
- 小圓珠（水藍色）…48顆
- 銅絲線＃30（金色）…75cm
- 胸針25mm（蜂巢式胸針附髮夾：金色）…1支

著色工具 油性馬克筆（水藍色・藍色・黑色・綠色）

工具 砂紙、錐子、廚房紙巾、剪刀、美工刀、打洞機、平口鉗・斜口鉗、烤箱、手套

原寸紙型…P.69

①將磨砂處理（參照P.8）過的透明熱縮片疊放在紙型上，以錐子描劃輪廓。

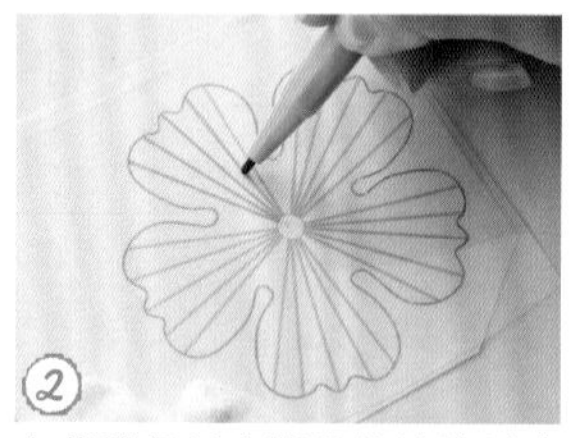

②大花瓣是以水藍色的油性馬克筆，在沒有進行磨砂的光滑面上描繪條紋。

③以剪刀沿著輪廓線內側裁剪，再以打洞機打洞（參照P.8）。製作1片大花瓣、3片小花瓣、3片葉子。小花瓣＆葉子的著色方法參照紙型。

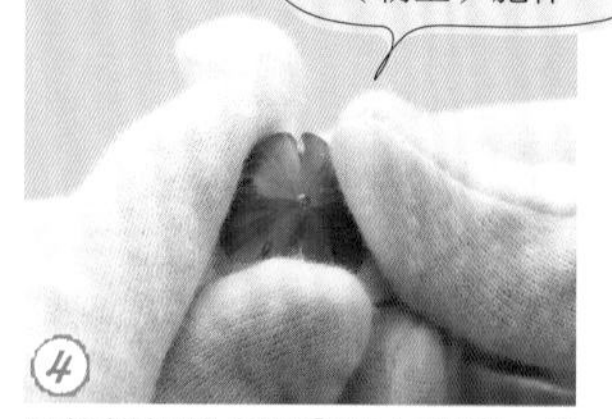

④以烤箱加熱步驟③的小花瓣，並以著色面為外側，以指腹將中心凹成窪狀（參照P.9）。

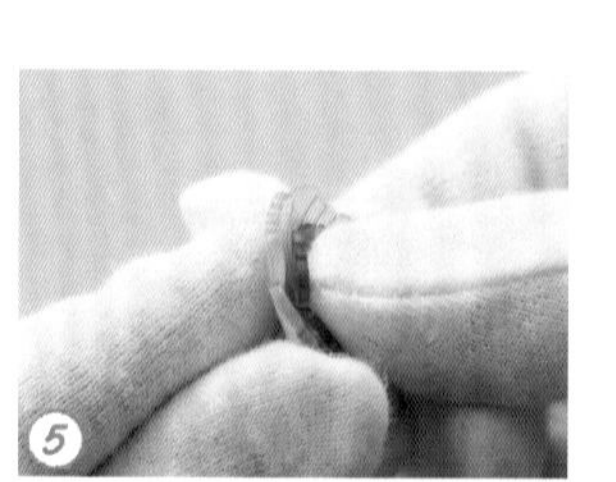

⑤以相同方式加熱大花瓣，並以光滑面為正面，使其沿著步驟④小花瓣的弧面凹成窪狀。

⑥製作1片大花瓣、3片小花瓣、3片葉子。葉子參照P.47步驟⑫作法，緩緩施力使其彎曲。

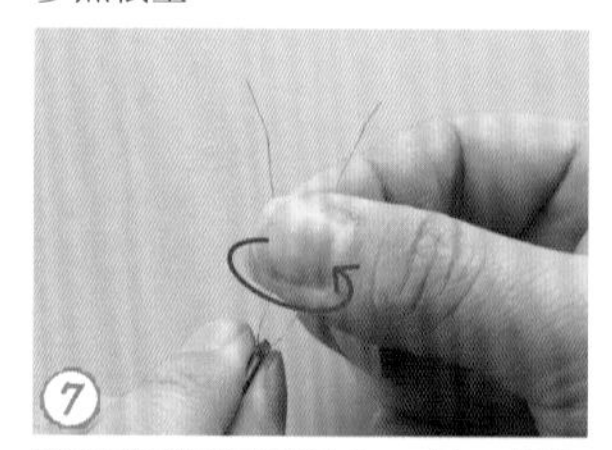

⑦將銅絲線裁剪至10cm長，穿入葉子後對摺，並扭轉葉子尾端的銅絲線大約3次，使其固定。

⑧以相同方式製作3個葉子配件。

飾品配件協力／貴和製作所

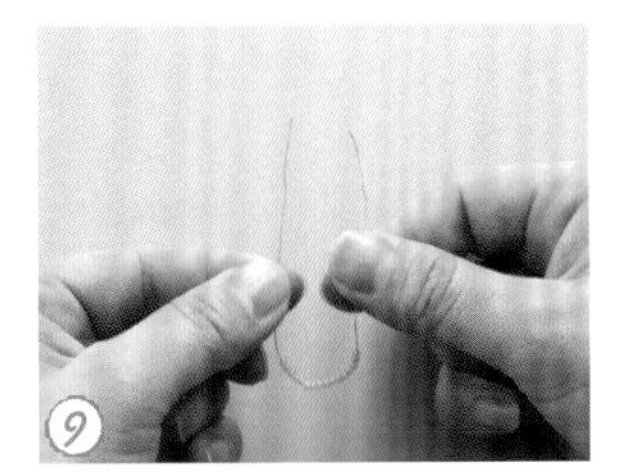

將銅絲線裁剪至15cm長，穿入16顆小圓珠。

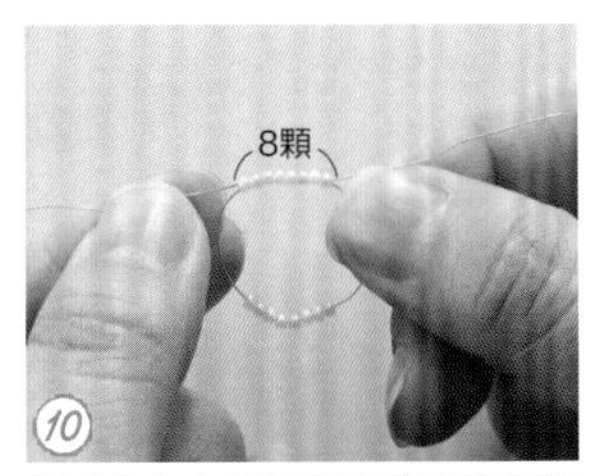

分別由左右兩側將銅絲線重複穿於其中8顆串珠內，做成環圈。

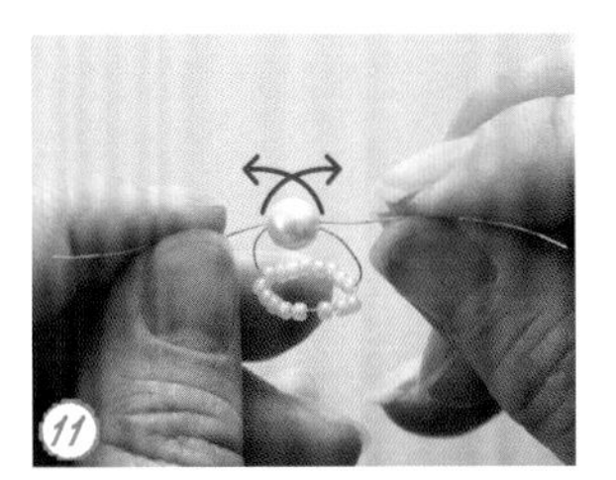

拉緊步驟⑩左右兩側的銅絲線，並由左右兩側將銅絲線穿於珍珠內。

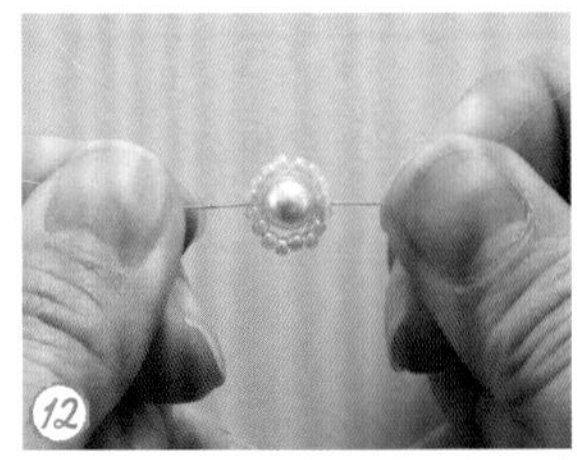

於左右兩側拉緊銅絲線，整理形狀。

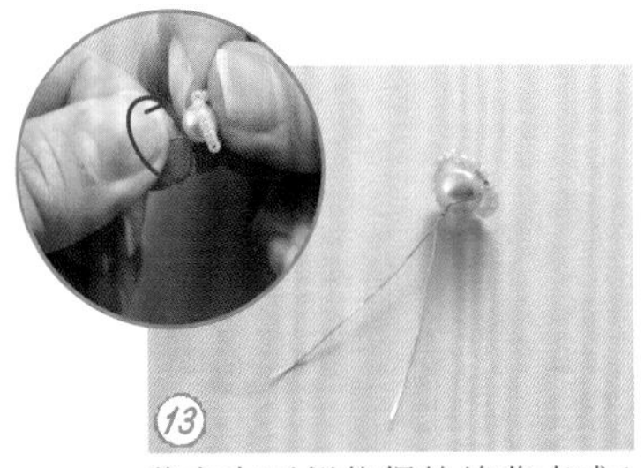

將左右兩側的銅絲線收束成1條，並於珍珠的尾端扭轉大約3次之後，予以固定。製作3個相同的花蕊。

將大花瓣，小c花瓣穿入步驟⑬中，並從蜂巢式胸針網片的不同網孔中，插入2條銅絲線，於背面輕輕地扭轉銅絲線。

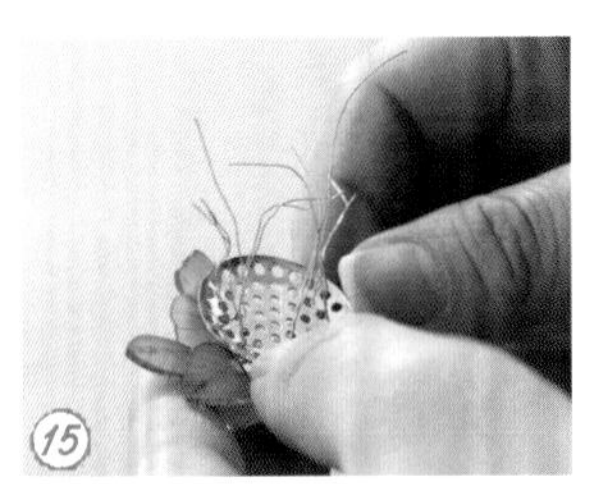

剩餘的2個小花瓣&3個葉子，也一邊確認位置一邊插入銅絲線，並分別於背面事先扭轉銅絲線。

待全部的配件都插入之後，於背面將銅絲線收束成1條，並充分地扭轉使之固定。

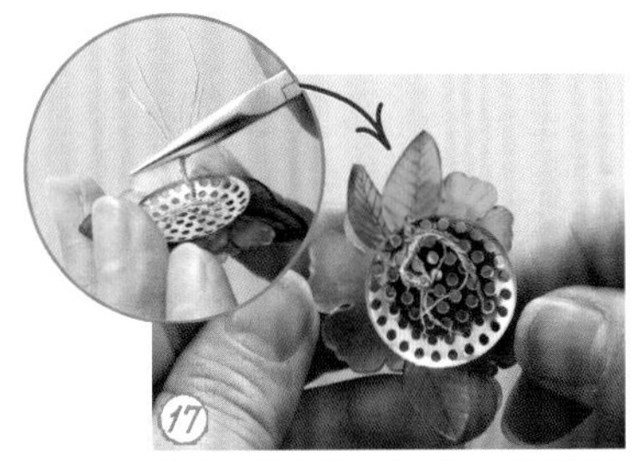

以平口鉗夾住已收成一束的銅絲線前端，並一層層地纏繞成團，以便收納在金屬網片中。

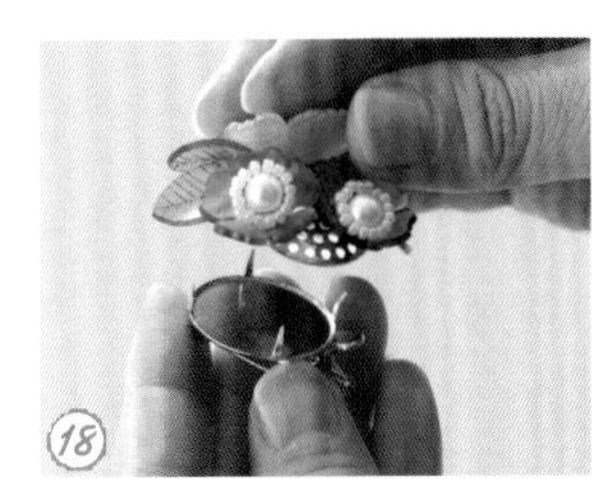

將胸針底座的配件插入步驟⑰中。

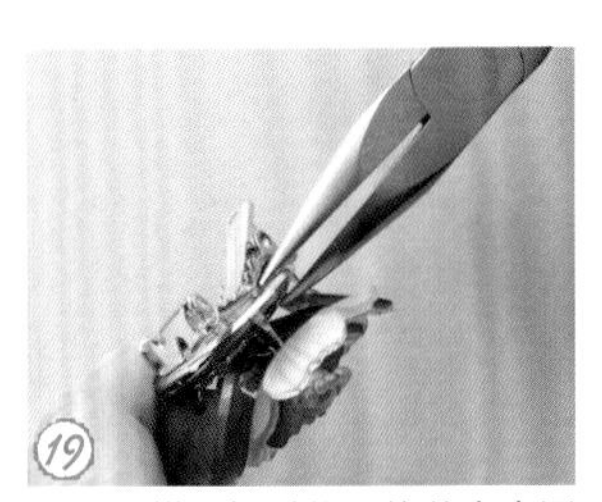

以平口鉗凹摺爪鉤，使其牢牢固定。

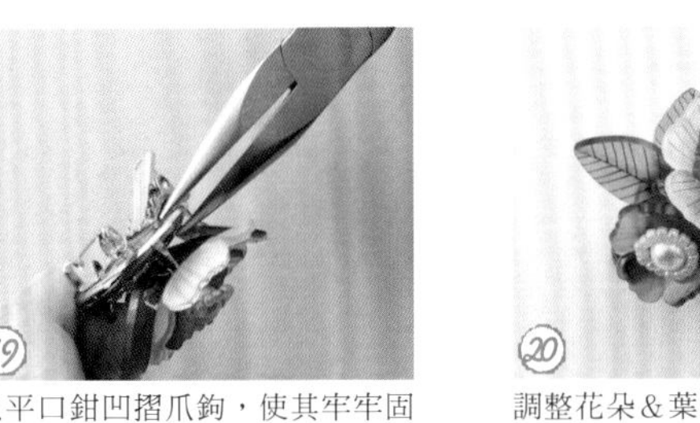

調整花朵&葉子的配置後即完成！

原寸紙型

作品68（P.68）

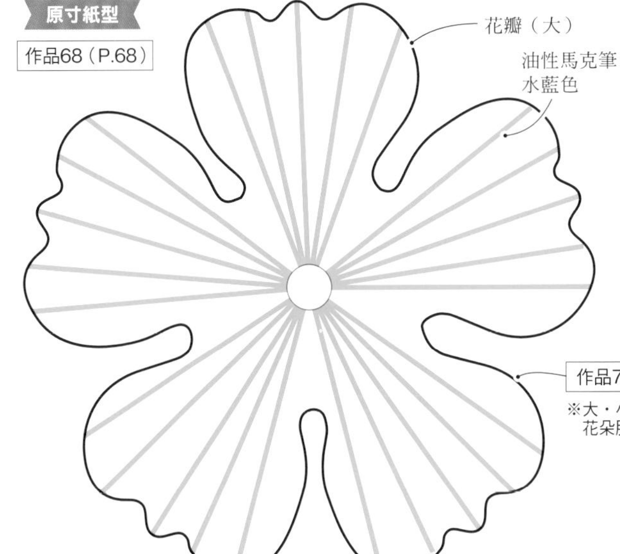

花瓣（大）

油性馬克筆
水藍色

作品72（P.73）

※大・小花瓣皆不需
花朵脈紋&中心孔洞。

花瓣（小）的著色方法

a・b是以油性馬克筆在已磨砂處理過的透明熱縮片上，放射狀地上色，再以廚房紙巾快速地暈染。c則是以P.62相同作法上色。

油性馬克筆
a：藍色、b：水藍色
c：水藍色→藍色

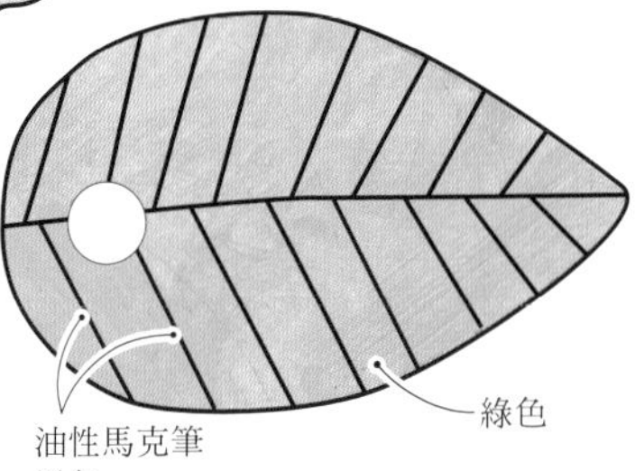

油性馬克筆
黑色

綠色

葉子的著色方法

在已磨砂處理過的透明熱縮片的光滑面上，以黑色描繪條紋。翻面後再以綠色的油性馬克筆在磨砂面上色，並以廚房紙巾快速地暈染。

黑色熱縮片之閃亮胸花

69

於黑色熱縮片上描繪圖案＆
加熱後施力壓平，
最後再撒上金蔥亮粉或雷射閃粉，
以UV膠進行表面塗層♪

材料
- 厚0.2mm黑色熱縮片 9×9cm×1片
- 胸針25mm（簡針：金色）…1支

壓印・著色工具 油性馬克筆（藍色等）、粉彩條（灰色）、色鉛筆（白色）、UV膠、金蔥（金色・銀色）、雷射閃粉

工具 描圖紙、紙膠帶、剪刀、UV照射器、烤箱、手套、接著劑

原寸紙型…P.73

作品69 Lesson

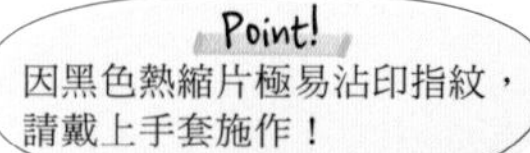

① 將描圖紙等透寫紙疊放在紙型上，以油性馬克筆描繪圖案。

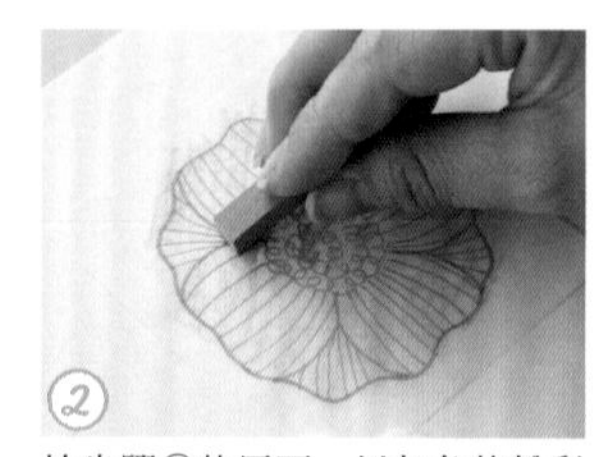
② 於步驟①的反面，以灰色的粉彩條將整個線條的上方粗略地上色。

③ 將步驟②的灰色著色面朝向黑色熱縮片覆蓋上去＆以紙膠帶固定，再以色鉛筆等從上面描摹線條。

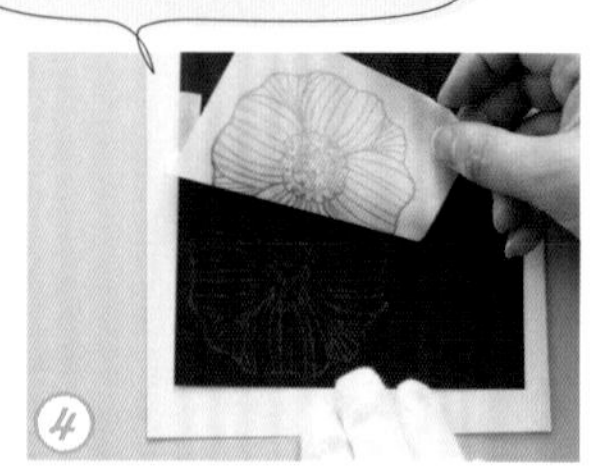
④ 取下圖案用紙。

⑤ 在隱約可見的線條上方，以白色的色鉛筆加強描繪。

⑥ 使用剪刀以保留輪廓線的方式裁剪。

⑦ 以烤箱加熱步驟⑥，並施力壓平（參照P.9）。

原寸成品

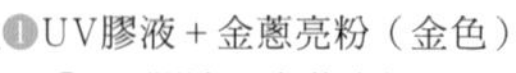

❷UV膠液＋金蔥亮粉（銀色）・雷射閃粉。
❸將整體塗上UV膠液。

⑧ 將金蔥亮粉或雷射閃粉調入UV膠中，依照數字的順序塗抹，再以UV照射器使其硬化（參照P.28）。

⑨ 以接著劑將胸針黏在背面。

 飾品配件協力（簡針）／貴和製作所

70

鏤空雕花耳環

不需要上色也不必表面塗層！
僅需在黑色熱縮片上進行切割&
在加熱後施力壓平即可。
霧面質感就是魅力所在！

材料（※1組）
- 厚0.2mm黑色熱縮片 7×10cm×2片
- 9×6mm施華洛世奇水晶珠＃5500（水滴珠：黑色・透明）…各2顆
- 直徑4mm捷克珠（圓形珠：黑色・透明）…各2顆
- C圈（鍍銠）a：0.7×4mm、b：0.8×5mm…各4個
- T針 0.6×20mm（鍍銠）…4支
- 耳環五金（法式耳鉤 約15mm：鍍銠）…1組

壓印用具 油性馬克筆（藍色等）、粉彩條（灰色）

工具 描圖紙、紙膠帶、廚房紙巾、剪刀、美工刀、切割墊、打洞機、平口鉗、圓嘴鉗、斜口鉗、UV照射器、烤箱、手套

原寸紙型…P.73

作品70 Lesson

①將描圖紙等透寫紙疊放在紙型上，以油性馬克筆描繪圖案。

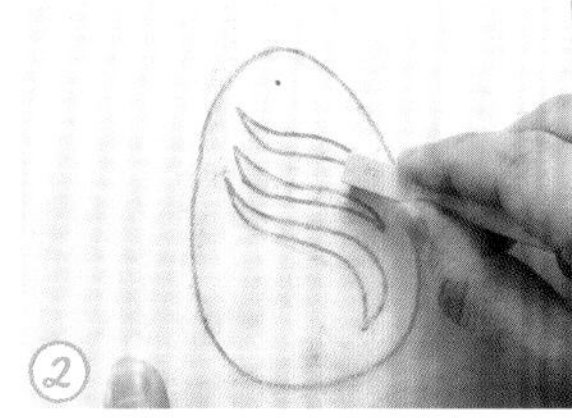

②於步驟①的反面，以灰色的粉彩條，將整個線條的上方粗略地上色。

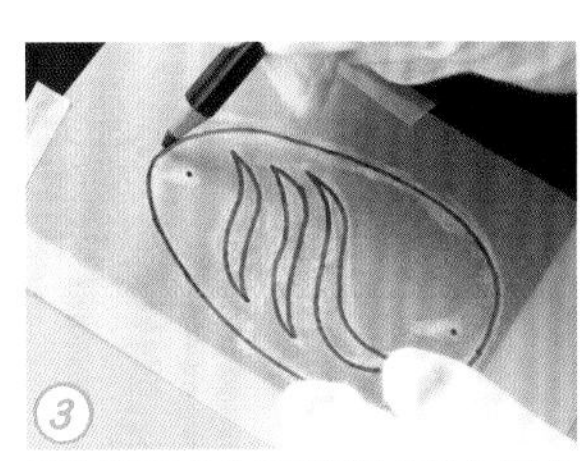

③將步驟②的灰色著色面朝向黑色熱縮片覆蓋上去&以紙膠帶固定後，再以色鉛筆等從上面描摹線條。

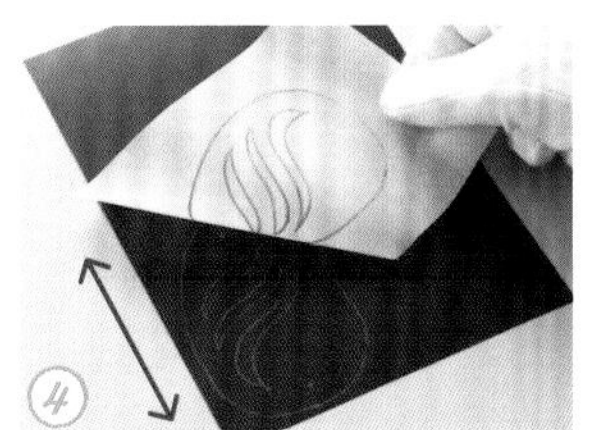

④取下圖案用紙。

Point! 由於熱縮片縱橫向的收縮率不同，因此另一片也請依相同方向擺放使用。

Point! 若有殘留畫線痕跡，可於加熱前，以廚房紙巾擦拭乾淨。

⑤使用剪刀以保留輪廓線的方式裁剪，並以美工刀鏤空中間圖案之後，再以打洞機打洞（參照P.8）。

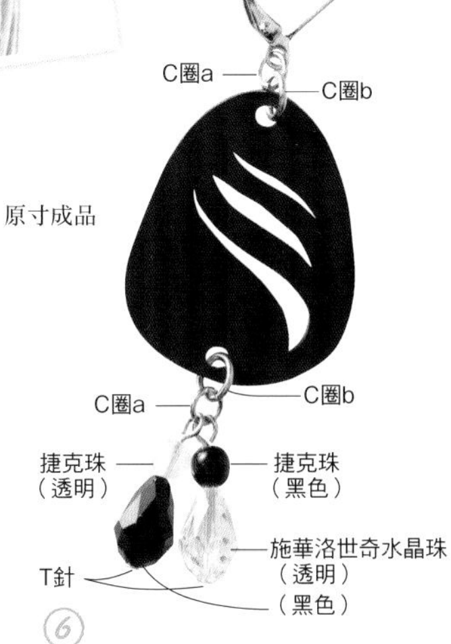

⑥以烤箱加熱步驟⑤後，施力壓平&接上飾品配件，完成（參照P.9）！

飾品配件協力／貴和製作所

壓印花樣的耳環

依紙型裁剪黑色熱縮片，
並於加熱後施力壓平，
以印章壓印＆撒上金蔥亮粉……
最後再以UV膠進行表面塗層。

材料（※1組）
- 厚0.2mm黑色熱縮片 9×13cm×2片
- C圈（金色）a：0.7×4mm、b：0.8×5mm…各2個
- 耳環五金（20mm耳鉤：金色）…1組

壓印・著色工具 油性馬克筆（藍色等）、粉彩條（灰色）、印章、印台（白色）、UV膠、金蔥亮粉（金色）

工具 描圖紙、紙膠帶、廚房紙巾、剪刀、打洞機、平口鉗、UV照射器、烤箱、手套

原寸紙型…P.73

作品71 Lesson

①以P.71步驟①至⑤相同作法描繪圖案之後，予以裁剪＆打洞。再以烤箱加熱，並施力壓平（參照P.8・P.9）。

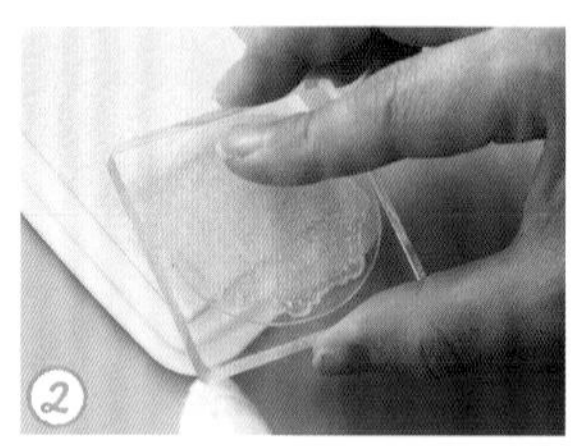

②將印章輕拍白色印台，蘸取墨水。

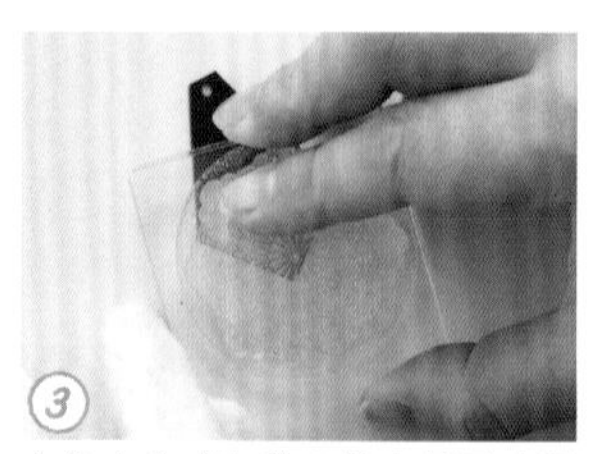

③大約在完成加熱＆施力壓平之黑色熱縮片的下半部，蓋上印章。

④趁墨水未乾之前，由上方稀稀落落地撒上金蔥亮粉。

⑤不斷地以手指由上方連續按壓，去掉多餘的金蔥亮粉。

⑥待步驟⑤乾燥之後，以UV膠進行表面塗層（參照P.28）。待表面完全乾燥之後，背面也以相同方式塗膠。

接上飾品配件，完成（參照P.9）！

兩面作法皆同。

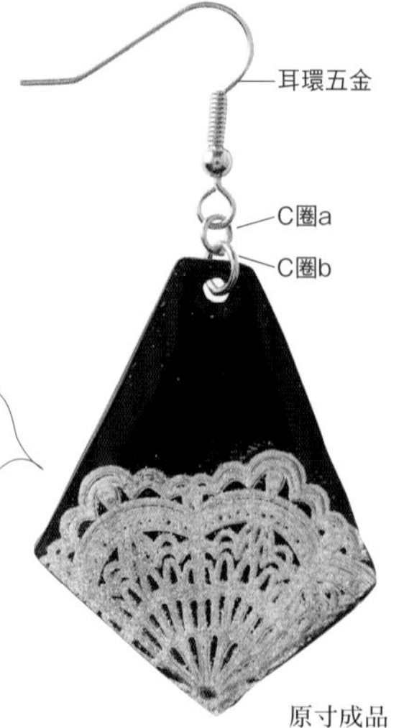

原寸成品

 飾品配件協力／貴和製作所

黑色熱縮片之和花耳環

使用與P.68作品68
完全相同的紙型。
此作品表現出沈靜溫雅&
帶有漆器質感般的和風耳環。

材料（※1組）
- 厚0.2mm黑色熱縮片 6×6cm・9×9cm 各2片
- 裝飾配件0.8mm（電鍍珠Bullion：金色）…40至44粒
- 耳針五金（圓形平台6mm：金色）…1組

壓印・著色工具 油性馬克筆（藍色等）、粉彩條（灰色）、不透明馬克筆（金色）、UV膠

工具 描圖紙、紙膠帶、剪刀、UV照射器、烤箱、手套、接著劑

原寸紙型…P.69

作品72 Lesson

① 以P.71步驟①至⑤相同作法描繪輪廓（不需線條圖案），裁剪大・小花瓣各2片（不需打洞）。

② 以烤箱加熱大・小花瓣（參照P.8・P.9）之後，以P.68相同作法將其塑彎成立體狀。

③ 以金色的不透明馬克筆塗於邊緣，並在大・小花瓣上描繪線條圖案。

④ 將UV膠置放在小花瓣中心，並於中心擺放上20至22粒的電鍍金珠，以UV照射器使其硬化。再連同大・小花瓣的整個表面，一併塗上UV膠使其硬化（參照P.28）。

⑤ 待完全乾燥之後，以接著劑黏合大&小花瓣。

⑥ 以接著劑黏上耳針五金。

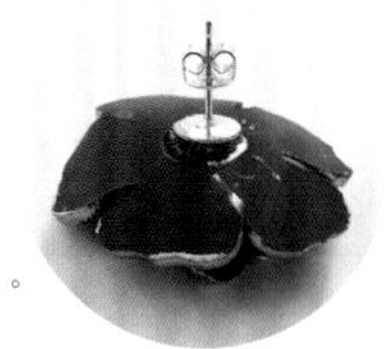

原寸成品

原寸紙型

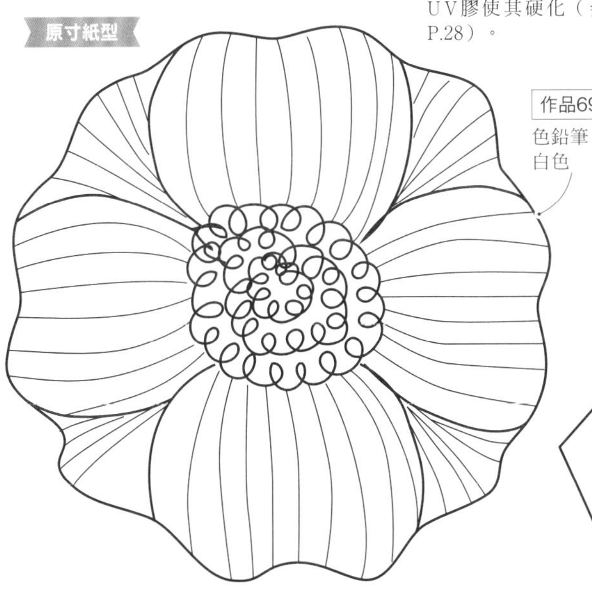

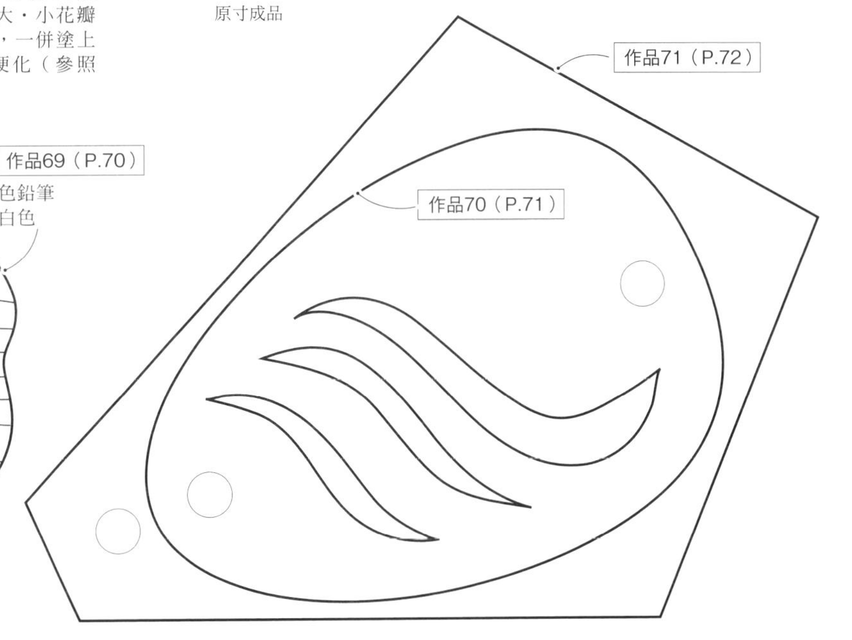

白色熱縮片之
鏤空雕花耳環

描繪圖案後，以剪刀剪裁外側輪廓&
以美工刀耐心地將內側鏤空，
其餘只要加熱後施力壓平即可！

73

材料（※1組）
- 厚0.2mm白色熱縮片 8×13cm×2片
- 直徑5mm捷克珠（火焰拋光：白色）…2顆
- C圈 0.8×5mm（霧面銀）…6個
- T針 0.6×20mm（霧面銀）…2支
- 耳環五金（20mm耳鉤：霧面銀）…1組

著色工具 無

工具 錐子、剪刀、美工刀、切割墊、平口鉗、圓嘴鉗、斜口鉗、烤箱、手套

原寸紙型…P.79

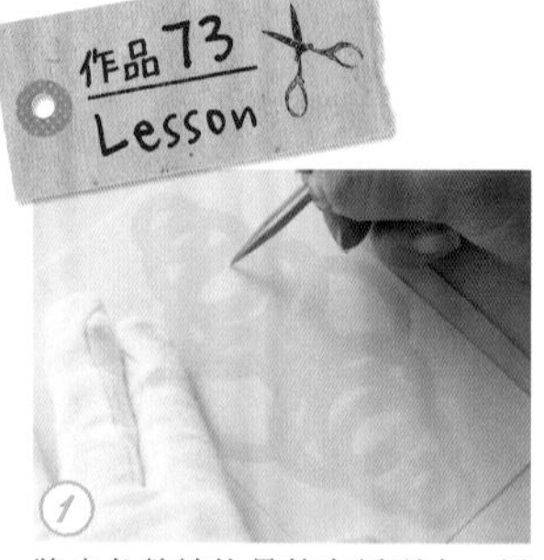

將白色熱縮片疊放在紙型上，以錐子描劃全部的輪廓（包含內側）。

Point!
不移動美工刀的刀刃，而是移動熱縮片進行裁切！

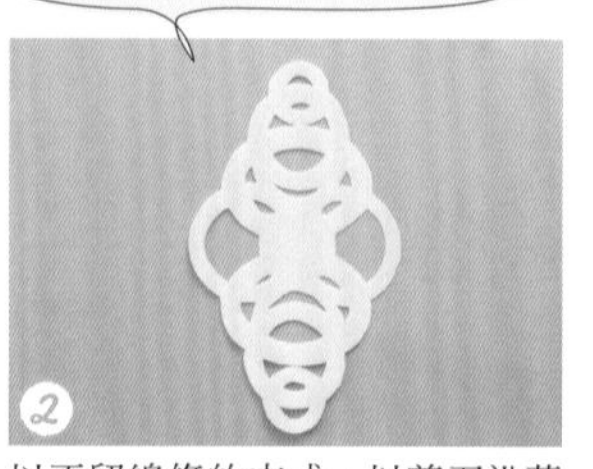

以不留線條的方式，以剪刀沿著外側輪廓裁剪，並以美工刀將內側鏤空（參照P.8）。

③
以烤箱加熱步驟②後，施力壓平&接上飾品配件，完成（參照P.9）！

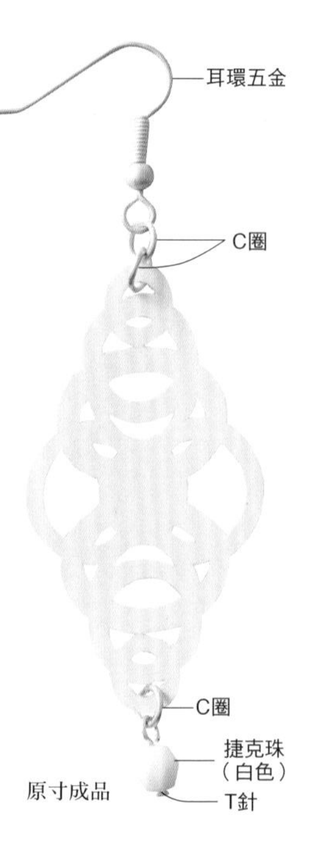

原寸成品

 飾品配件協力／貴和製作所

小房子蘇格蘭別針

以色鉛筆於白色熱縮片上著色，
加熱後施力壓平。
樹或雲朵的配件，
可依個人喜好作更換……

74

原寸成品

材料（※1組）
- 厚0.2mm白色熱縮片 10×16cm
- 直徑4mm捷克珠（圓形珠：乳白色）…2顆
- 小圓珠（淺水藍）…7顆
- C圈 0.8×5mm（金色）…7個
- T針 0.6×30mm・15mm（金色）…各1支
- 長43mm蘇格蘭別針（金色）…1支

著色工具 色鉛筆（橘色・水藍色・粉紅色・黃色
藍綠色・淺紫色、淺橘色・黃綠色・紅色、茶色）

工具 剪刀、打洞機、平口鉗、圓嘴鉗、斜口鉗
烤箱、手套

作品74 Lesson

① 將白色熱縮片疊放在紙型上，以各色的色鉛筆描繪出全部的圖案。使用剪刀以保留輪廓的方式裁剪，再以打洞機打洞（參照P.8）。

② 以烤箱加熱步驟①後，施力壓平＆於各配件上接連C圈，再掛在蘇格蘭別針上（參照P.9）。

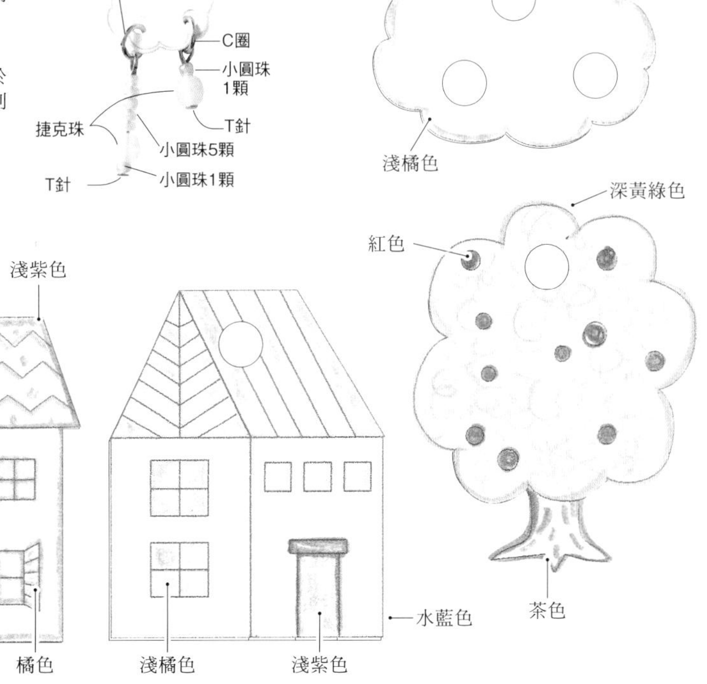

原寸紙型

作品74（P.75）
※全部皆使用色鉛筆。

粉紅色 黃色
橘色
水藍色
橘色 藍綠色 淺紫色
藍綠色 橘色

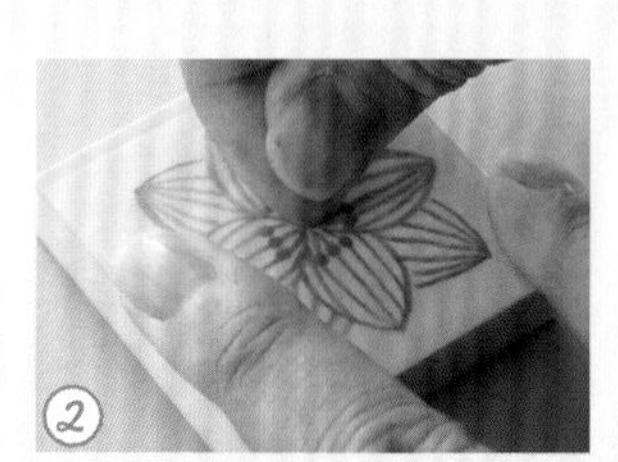

① 將描圖紙等透寫紙疊放在紙型上，以筆尖較為粗黑的鉛筆描出圖案。

② 將步驟①翻面之後，疊放在橡皮擦片上，由上方以指甲摩擦轉印。

橡皮擦印章的壓印飾品

於白色的熱縮片上
咚！咚！咚地蓋上橡皮擦印章，
將喜歡的部分裁剪成
圓形・正方形・長方形……

材料

【作品75】（※1組）
- 厚0.2mm白色熱縮片 約13×18cm
- 6mm施華洛世奇水晶珠＃5040（紫色）…2顆
- 直徑4mm捷克珠（圓形珠：紅色）…4顆
- C圈 0.8×5mm（金色）…2個
- 9針 0.6×20mm（金色）…2支
- 耳環五金（20mm耳鉤：金色）…1組

【作品76】（※2個）
- 厚0.2mm白色熱縮片 約13×18cm
- 胸針25mm（簡針：金色）…2支

【作品77】
- 厚0.2mm白色熱縮片 3×18cm
- 長30cm髮束…1條

著色工具 作品75至77／印台（粉紅色、深藍色）、作品76／UV膠

工具 橡皮擦印章用的橡皮擦、鉛筆、描圖紙、紙膠帶、錐子、剪刀、雕刻刀、打洞機、平口鉗、圓嘴鉗、斜口鉗、UV照射器、烤箱、手套、接著劑

原寸紙型…P.79

 飾品配件協力（髮束除外）／貴和製作所

③沿著圖案的輪廓，使雕刻刀的刀刃朝向外側，斜刃入刀進行雕刻。

④這次則相反，改從距離輪廓稍遠的位置開始，朝內側斜刃入刀，將輪廓的周圍雕刻成V字形。

⑤依相同方式，雕刻內側的圖案，並將周圍&邊角一併削去。

於白色熱縮片上壓印橡皮擦印章

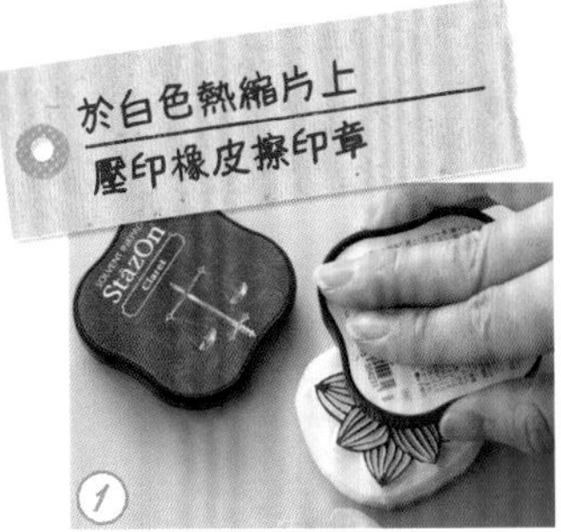

①以粉紅色印台輕拍橡皮擦印章，以蘸上墨水。

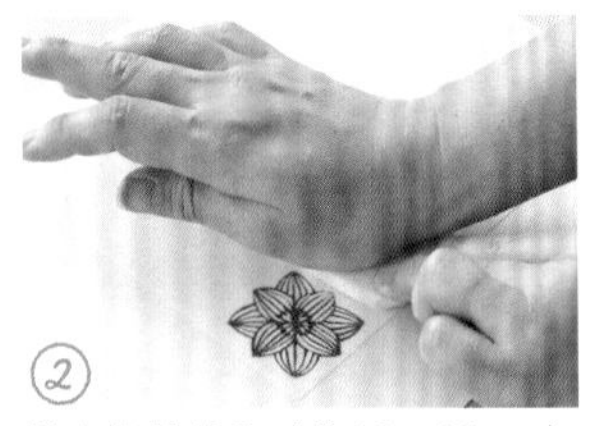

②從白色熱縮片（約13×18cm）的邊端開始，以手掌用力地按壓，依序逐一壓印。

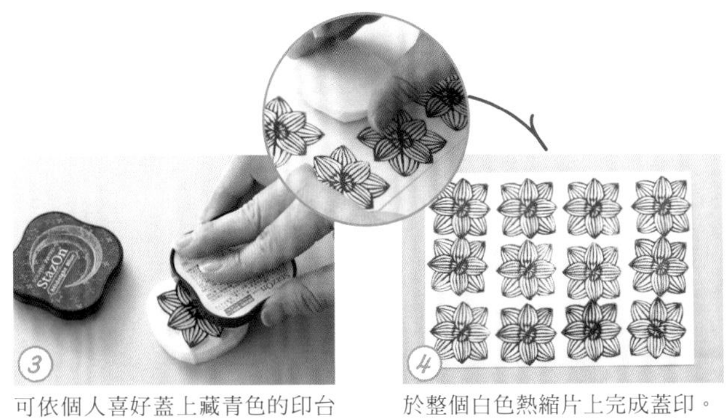

③可依個人喜好蓋上藏青色的印台之後，再一邊斑駁染色或混合色彩，一邊以相同方式壓印。

④於整個白色熱縮片上完成蓋印。

作品75 Lesson

①利用透明膠帶等圓形物體，以錐子劃出直徑8cm至8.5cm的圓形記號。

②以剪刀沿著輪廓線內側裁剪（參照P.8）。

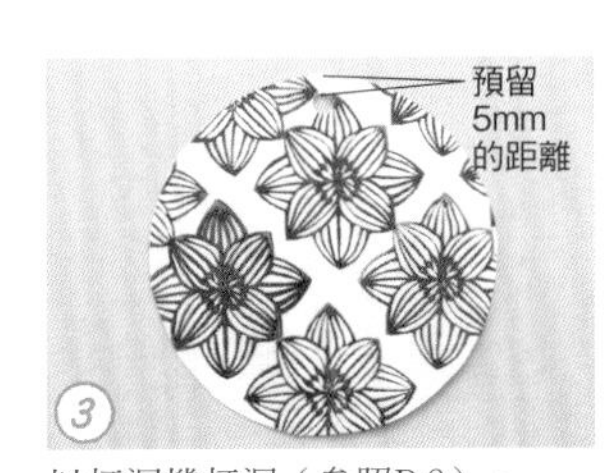

③以打洞機打洞（參照P.8）。

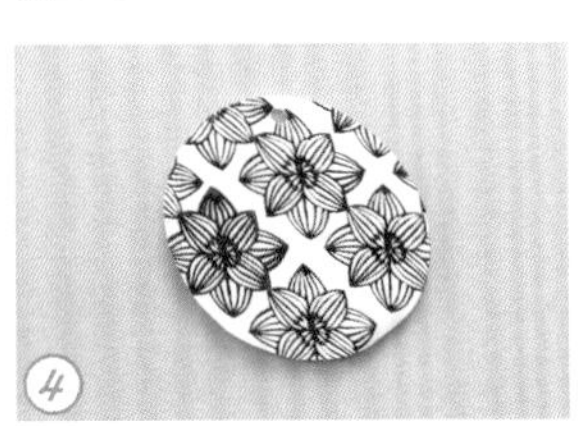

④以烤箱加熱步驟③後施力壓平（參照P.9）。

⑤於步驟④的背面蓋上印章（使正反兩面呈現花樣大小的變化）。
※可依個人喜好，再以UV膠進行表面塗層。

作品75 原寸成品

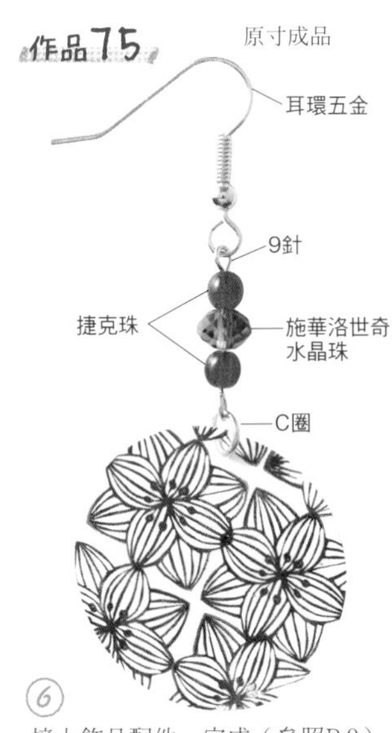

⑥接上飾品配件，完成（參照P.9）！

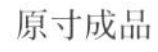

原寸成品

作品76的作法

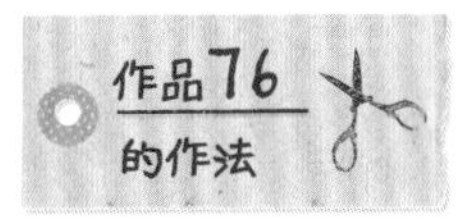

背面

① 圓形作品是以作品75相同方式製作，不需打洞。正方形作品則是在進行至上述步驟①時，改裁剪成9cm的正方形（尖角處稍微修圓）（參照P.8）。

② 兩款作品皆是加熱後施力壓平，最後再以UV膠進行表面塗層（參照P.28）。

③ 以接著劑將胸針黏接於背面。

作品77的作法

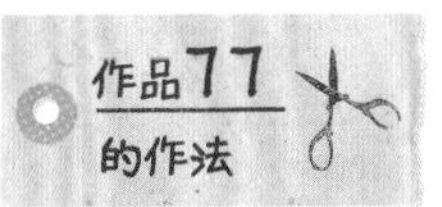

① 進行至作品75的步驟①時，改裁剪成3cm×18cm（尖角處稍微修圓）。

② 各在距離四個邊角5mm的轉角位置上，以打洞機打出4個洞。

③ 加熱後塑彎成自己喜歡的弧度（也可利用直徑4cm的筒狀物彎出弧度）。

④ 將長30cm的髮圈穿入之後打結。

※可依個人喜好，以UV膠進行表面塗層。

同場加映！

宇宙造型徽章

眾所周知的行星真實重現！
熱縮片的可能性
如火如荼地擴大中♪

材料（※1組）
● 厚0.2mm白色熱縮片 7.5×7.5cm
（僅限土星為5×10cm）
● 徽章五金（蝴蝶帽＋8mm圓底刺馬針：金色）…1組

著色工具 UV膠、依喜好選用各種顏色的金蔥亮粉、色鉛筆或油性馬克筆（參照紙型）

工具 錐子、廚房紙巾、剪刀、美工刀、UV照射器、烤箱、手套、接著劑

原寸紙型…P.79

作品78 Lesson

木星・海王星
土星的作法

※其餘為參考作品。

1 將白色熱縮片疊放在紙型上，以錐子描劃輪廓，再以剪刀裁剪（參照P.8）。土星環的部分則以美工刀進行鏤空。

2 木星需一邊查看紙型，一邊以各色的色鉛筆畫出曲線，並呈條紋狀上色。土星也是依相同方式上色。

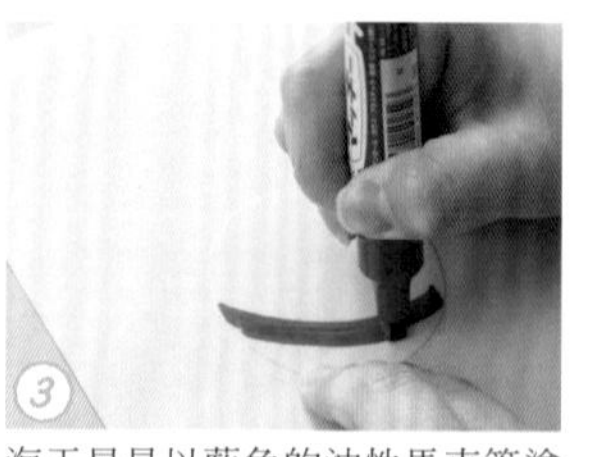

3 海王星是以藍色的油性馬克筆塗上曲線，並趁墨水未乾之前，以廚房紙巾暈染。

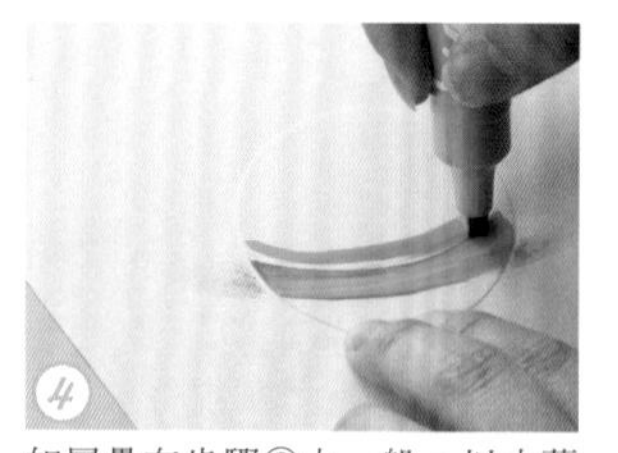

4 如層疊在步驟③上一般，以水藍色的油性馬克筆重複上色＆同樣以廚房紙巾作出暈染。

5 一邊查看紙型，一邊重複步驟③・④的作法。

6 木星・海王星・土星上色完成。

7 以烤箱加熱步驟⑥後，施力壓平＆以混合了金蔥亮粉的UV膠進行表面塗層（參照P.28）。

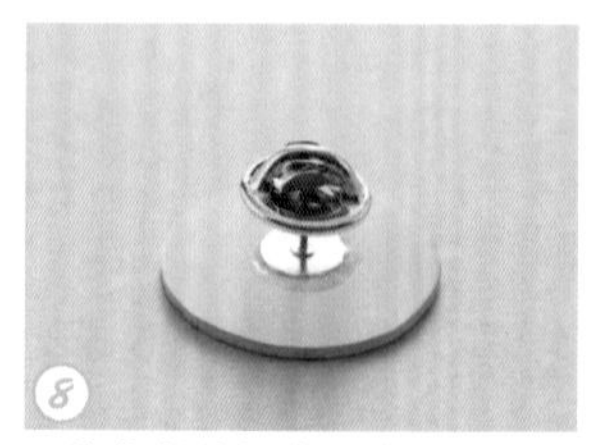

8 以接著劑將徽章五金黏接於背面。

 飾品配件協力／貴和製作所

原寸紙型

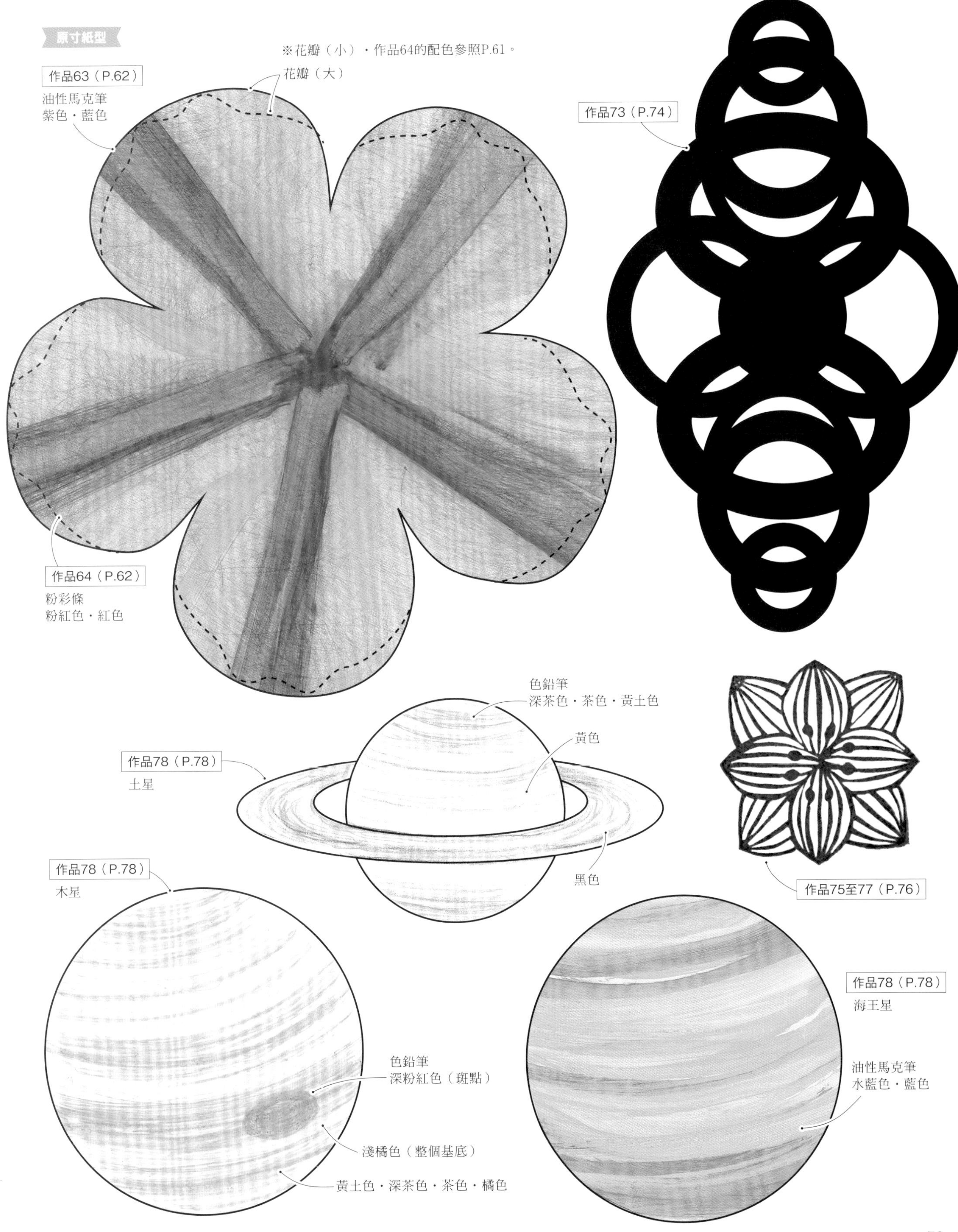

※花瓣（小）・作品64的配色參照P.61。
作品63（P.62）
油性馬克筆
紫色・藍色
花瓣（大）
作品64（P.62）
粉彩條
粉紅色・紅色
作品73（P.74）
作品78（P.78）
土星
色鉛筆
深茶色・茶色・黃土色
黃色
黑色
作品75至77（P.76）
作品78（P.78）
木星
色鉛筆
深粉紅色（斑點）
淺橘色（整個基底）
黃土色・深茶色・茶色・橘色
作品78（P.78）
海王星
油性馬克筆
水藍色・藍色

晶瑩剔透超美的！繽紛熱縮片飾品創作集

一本OK！完整學會熱縮片的著色、造型、應用技巧……（暢銷版）

作　　者／NanaAkua
譯　　者／彭小玲
發 行 人／詹慶和
選 書 人／Eliza Elegant Zeal
執行編輯／陳姿伶
編　　輯／蔡毓玲・劉蕙寧・黃璟安
封面設計／周盈汝
美術編輯／陳麗娜・韓欣恬
內頁排版／造極
出 版 者／Elegant-Boutique新手作
發 行 者／悅智文化事業有限公司　　郵政劃撥帳號／19452608
戶　　名／悅智文化事業有限公司
地　　址／220新北市板橋區板新路206號3樓
網　　址／www.elegantbooks.com.tw
電子郵件／elegant.books@msa.hinet.net
電　　話／(02)8952-4078
傳　　真／(02)8952-4084

2016年5月初版一刷
2023年1月二版一刷　定價350元

Photographer：Yukari Shirai
Original Japanese edition published in Japan by Nihon Vogue Co., Ltd.
Traditional Chinese translation rights arranged with Nihon Vogue Co., Ltd. through Keio Cultural Enterprise Co., Ltd.

經銷／易可數位行銷股份有限公司
地址／新北市新店區寶橋路235巷6弄3號5樓
電話／(02)8911-0825　傳真／(02)8911-0801

國家圖書館出版品預行編目(CIP)資料

晶瑩剔透超美的!繽紛熱縮片飾品創作集 / Nana Akua 著 ; 彭小玲譯. -- 二版. -- 新北市 : Elegant-Boutique 新手作出版 : 悅智文化事業有限公司發行, 2023.01
面；　公分. -- (趣.手藝 ; 63)
譯自 : ナナアクヤのプラバンアクセサリー
ISBN 978-957-9623-97-1(平裝)

1.CST: 裝飾品 2.CST: 手工藝

426.9　　111021567

Profile

NanaAkua（ナナアクヤ）

以長野縣松本市為其活動的據點，是位自由接案的設計師。畢業於武藏野美術大學短期大學部，主修空間演出設計。曾旅居加拿大與西非迦納等國，並擔任私人企業內部設計師之後，獨立創業。活躍於各種Web網站、廣告傳單設計、插圖製作，以及擔任研習講座（橡皮擦印章、熱縮片等）的講師。著作有《プラバンでつくる本格アクセサリー》、《親子で楽しむ！プラバンでつくる本格マスコット》（兩本皆由日東書院本社發行）。
http://nanaakua.jimdo.com/

Staff

書籍設計／大石妙子（Beeworks）
攝影／白井由香里
造型師／絵內友美
髮型師／AKI
模特兒／松永ちさと
編集／佐伯瑞代

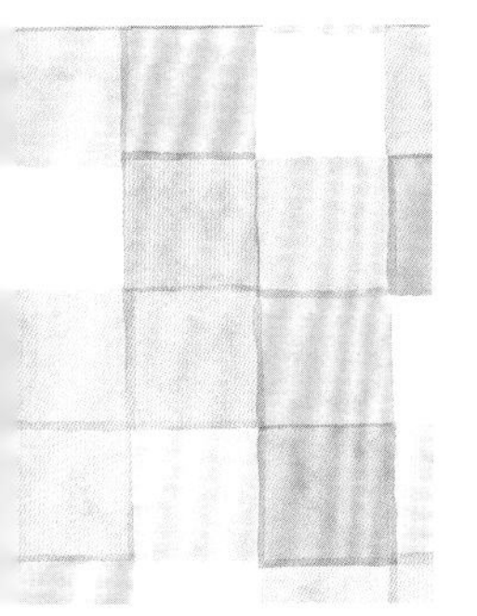

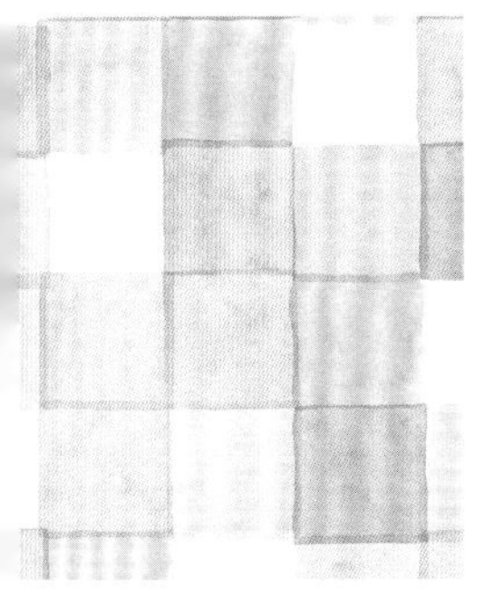